Discrete Tomography through Delta Functions

離散トモグラフィーと
デルタ関数

硲 文夫 著
Fumio Hazama

東京電機大学出版局

はじめに

　一般に「トモグラフィー」と呼ばれているのは，「CT (computerized tomography) スキャン」に代表されるように，3次元の物体をさまざまな平面での切り口の形状から再構成する方法を研究する分野のことである．一方「離散トモグラフィー」とは，一言で言えばその「離散化」なのだが，平面上の格子点ごとに与えられた数値データを，小さな「窓（ウィンドウ）」を動かしながら覗いて見たローカルな情報から再構成する方法を研究する分野，と言っていい．これは20世紀後半頃から注目され始めた新しい研究分野で，現在では，組み合わせ論，数値解析，計算量理論などさまざまな立場から活発に研究されている．

　筆者は数年前に離散トモグラフィーのいくつかの問題が，デルタ関数などを扱ういわゆる「超関数」の理論を用いれば統一的に解決されることを見いだし，それを論文として発表した（参考文献 [2], [3], [4]）．

　この本を執筆し始めた動機は，離散トモグラフィーの数々の具体的な問題，そこには例の「数独」と似たパズルも現れるのだが，その探求を本線としながら，その道具としていつのまにか超関数論の基本を身につけられるような入門書を作りたい，というものであった．そのため，この本では必要な式変形，等号，不等号のすべてに，なぜそうなるかという理由を明記することにし，「定義，定理，証明」と無味乾燥に羅列していくことを可能な限り避けた．

　読者の予備知識としては，

　「大学1，2年の線形代数と微分積分」だけしか仮定しない．また，超関数論という広大な理論すべてを述べるよりも，その基本的かつ本質的な部分に焦点を定めて解説した．さらに，**「代数学や組み合わせ論の一分野として離散トモグラフィーを知りたい」**という人たちはもちろんのこと**「解析学の花形の一分野としての超関数論を基本から勉強したい」**という学生や研究者にも有益であるように，具体

例を交えながらわかりやすく説明することを心がけた．

　本書は，本論の第 1 章から第 15 章と，補説の第 I 章から第 IV 章とで構成されている．第 1 章から第 4 章では，離散トモグラフィーがどのような問題を対象とするか，ということを用語や概念を導入しながら説明する．続く第 5 章から第 11 章が超関数論，およびそのフーリエ変換論である．ここで得た知識を駆使して第 12 章で離散トモグラフィーの基本定理が証明される．基本的に 1 次元の場合を中心に解説するが，実はほとんど並行した議論が n 次元の場合に通用し，自然に一般化できるということも第 12 章の後半で述べる．第 13 章から第 15 章では基本定理を用いて種々の具体的な問題を解決していく．この本で取り上げていないウィンドウに対しても，読者自身が基本定理を用いて考察できるように，さまざまな手法もちりばめてある．

　また補説の第 I 章では本文中で必要となる群論の用語と関連した概念を解説し，第 II 章では開集合，閉集合，収束などの位相的な概念を距離空間論の枠組みの中で解説した．それぞれ「群論」や「位相空間論」を習っていなくても十分理解できるように叙述したつもりである．第 III 章では本論でしばしば使われる線形代数の用語や概念を一通り解説した．習ったが忘れた，というようなときに参照して頂くとよい．第 IV 章では第 11 章で証明される線形代数のある命題の「商空間」を用いた別証明を与えている．最後に「集合の記号一覧」において，本書で用いられる集合に関する記号や用語の意味を解説した．

　本書を通して，離散トモグラフィーという名前の通りの「離散」の世界と，超関数論という「連続」の世界の意外な関わりに少しでも興味をもって頂ければ幸いである．

　平成 27 年 5 月

　　　　　　　　　　　　　　　　　　　　　　　　　　　　　　　峪　　文夫

目　次

第1章　離散トモグラフィーとは
- 1.1　問題の例 1
- 1.2　問題の定式化 4
- 1.3　$(0, \pm 1)$ 問題 5
- 1.4　一般論の先取り 8
- 　　　練習問題 13

第2章　基本概念
- 2.1　アレイとそのサポート 14
- 2.2　ウィンドウ 15
- 2.3　零和アレイ 20
- 　　　練習問題 21

第3章　アレイと線形代数
- 3.1　アレイの演算 22
- 3.2　有界なアレイと零和アレイ 23
- 　　　練習問題 30

第4章　離散トモグラフィーの基本定理
- 4.1　トーラス 31
- 4.2　基本定理の紹介 32
- 　　　練習問題 39

第5章　トーラス T

- 5.1 **T** 上の関数 40
- 5.2 可換図式 43
- 5.3 $C^\infty(\mathbf{T})$ の位相 45
- 練習問題 48

第6章　超関数

- 6.1 超関数の定義 49
- 6.2 超関数の例 I 50
- 6.3 超関数の例 II：デルタ関数 56
- 練習問題 59

第7章　超関数の演算

- 7.1 関数倍 60
- 7.2 微　分 63
- 7.3 関数の微分と超関数の微分 65
- 練習問題 68

第8章　超関数のフーリエ係数

- 8.1 定　義 69
- 8.2 フーリエ係数の線形性 71
- 8.3 微分とフーリエ係数 72
- 練習問題 74

第9章　フーリエ変換

- 9.1 フーリエ変換 75
- 9.2 アレイの位数 76
- 9.3 フーリエ変換と位数 78
- 9.4 超関数の位数 81
- 練習問題 85

第10章 逆フーリエ変換

- 10.1 逆フーリエ変換の定義 86
- 10.2 超関数→アレイ→超関数 87
- 10.3 アレイ→超関数→アレイ 89
- 　　　 練習問題 97

第11章 デルタ関数の特徴付け

- 11.1 超関数の台 98
- 11.2 台に関する基本補題 100
- 11.3 デルタ関数の特徴付け 102
- 　　　 練習問題 112

第12章 基本定理の証明

- 12.1 基本定理の定式化 113
- 12.2 基本定理の証明 115
- 12.3 n 次元への一般化 118
- 　　　 練習問題 122

第13章 基本定理の応用 I

- 13.1 フック型のウィンドウ 123
- 13.2 特性多項式と零点 124
- 13.3 具体例 127
- 　　　 練習問題 130

第14章 連立トモグラフィー

- 14.1 連立トモグラフィーとは 131
- 14.2 連立トモグラフィーの基本定理 131
- 14.3 連立トモグラフィーの例 134
- 14.4 周期的なアレイ：定義と記号 137
- 14.5 周期的アレイの求め方 138

         練習問題 142

第15章　基本定理の応用II

- 15.1　L字型のウィンドウ 143
- 15.2　十字型のウィンドウ 148
- 15.3　十字型のウィンドウ：周期解 150
         練習問題 155

補説 第I章　群

- I.1　群と準同型 156
- I.2　部分群 159
- I.3　準同型の核と像 161
         練習問題 164

補説 第II章　位　相

- II.1　距離，開球，閉球 165
- II.2　開集合 167
- II.3　閉集合 170
- II.4　連続写像 172
- II.5　連続性の判定法 174
- II.6　点列の収束 177
- II.7　閉包と極限 182
- II.8　$\mathbf{T}$ の位相 185
- II.9　1の分割 192
         練習問題 197

補説 第III章　線形代数学の基本的事項

- III.1　線形空間の定義 198
- III.2　部分空間 199
- III.3　補空間 201

III.4	基底，次元	202
III.5	線形写像	204
	練習問題	208

補説 第IV章　商空間と線形写像 ... 209
　　　　　練習問題 ... 213

集合の記号一覧 ... 214

練習問題解答 ... 218

参考文献 ... 234

索　引 ... 235

第1章 離散トモグラフィーとは

本章では，具体例を通して離散トモグラフィーに固有の問題や用語，そして次章以降で導入されることになる数々の手法を先取りして紹介したい．

1.1 問題の例

xy 平面上の格子点の全体 $\mathbf{Z}^2$ の各点に，たとえば次のように数を割り当てる：

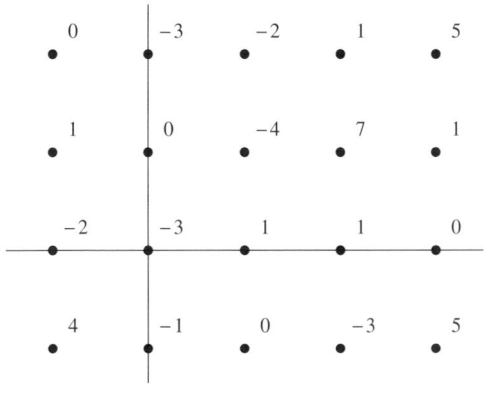

図 1.1 アレイの例

このような割り当て方を「アレイ (array)」とよび，$\mathbf{a} = (\mathbf{a}_{(i,j)})_{(i,j) \in \mathbf{Z}^2}$ と表す．ここで「$\mathbf{a}_{(i,j)}$」はアレイ $\mathbf{a}$ の格子点 (i,j) に割り当てられた値を表しており，図 1.1 では

$$\mathbf{a}_{(0,0)} = -3, \quad \mathbf{a}_{(2,0)} = 1, \quad \mathbf{a}_{(-1,2)} = 0$$

というようになっている．このようなアレイを「ウィンドウ (window)」を通

して見てみよう．ここでウィンドウとは，$\mathbf{Z}^2$ の有限部分集合のことであり，たとえば

$$\{(0,0), (1,0), (0,1)\}$$

や

$$\{(-1,0), (0,0), (1,0), (1,1)\}$$

などはウィンドウの例である．この1つ目のウィンドウを

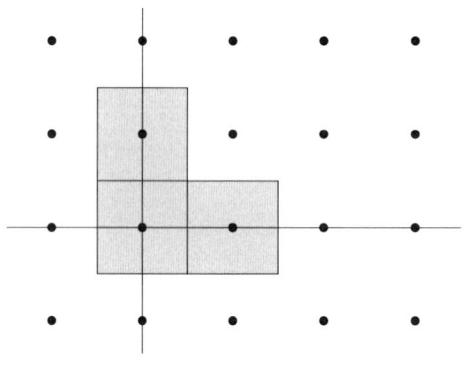

図 1.2　ウィンドウの例

のように図で表そう（図 1.2 参照）．そしてこのウィンドウの中にある格子点について，先のアレイの値を加え合わせる（図 1.3 参照）：

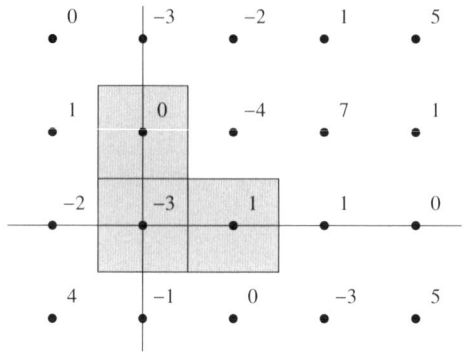

図 1.3　ウィンドウを通してアレイを見る

すると値は

$$(-3) + 1 + 0 = -2$$

である．さらに，ウィンドウを平行移動して，それぞれの場所でアレイの値を加え合わせる．たとえばウィンドウを $(1, 0)$ だけ平行移動してみると

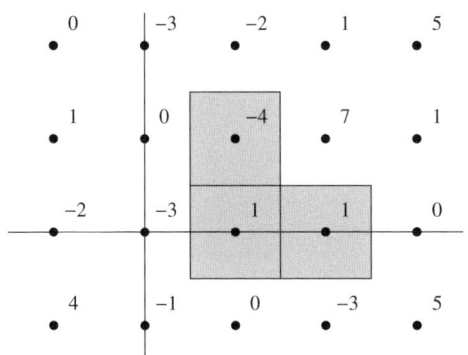

図 1.4 平行移動したウィンドウ 1

値の和は $1 + 1 + (-4) = -2$，ウィンドウを $(2, -1)$ だけ平行移動すれば

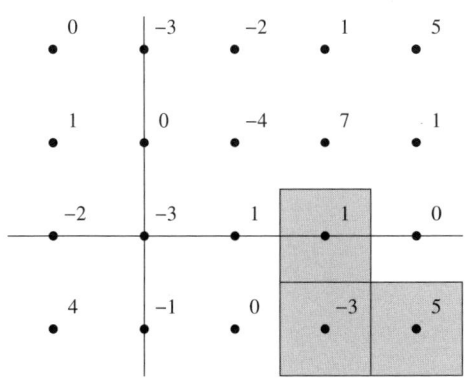

図 1.5 平行移動したウィンドウ 2

値の和は $(-3) + 5 + 1 = 3$ となる．

離散トモグラフィーが探求しようとするのは，このように

> 平行移動したウィンドウを通してみたときの値の和から，もとのアレイを知ることができるか

という問題である．

1.2 問題の定式化

このことをもう少し数学的に定式化しよう．まずアレイ $\mathbf{a} = (\mathbf{a}_{(i,j)})_{(i,j)\in\mathbf{Z}^2}$ とウィンドウ $\mathbf{w} \subset \mathbf{Z}^2$ に対して，「$\mathbf{a}$ の $\mathbf{w}$ に関する次数 (degree) $d_\mathbf{w}(\mathbf{a})$」を次式で定義する：

$$d_\mathbf{w}(\mathbf{a}) = \sum_{(i,j)\in\mathbf{w}} \mathbf{a}_{(i,j)}$$

さらにウィンドウ $\mathbf{w}$ を $(i,j) \in \mathbf{Z}^2$ だけ平行移動したウィンドウを $\mathbf{w}+(i,j)$ と書く．したがって各 $(i,j) \in \mathbf{Z}^2$ に対するアレイ $\mathbf{a}$ の $\mathbf{w}+(i,j)$ に関する次数を集めれば，新たなアレイ $(d_{\mathbf{w}+(i,j)}(\mathbf{a}))_{(i,j)\in\mathbf{Z}^2}$ ができる．このアレイを簡単に $\Delta_\mathbf{w}(\mathbf{a})$ と表そう：

$$\Delta_\mathbf{w}(\mathbf{a}) = (d_{\mathbf{w}+(i,j)}(\mathbf{a}))_{(i,j)\in\mathbf{Z}^2}$$

1.1 節の例の $\mathbf{a}$ の場合，$\Delta_\mathbf{w}(\mathbf{a})$ は図 1.6 のようになる：

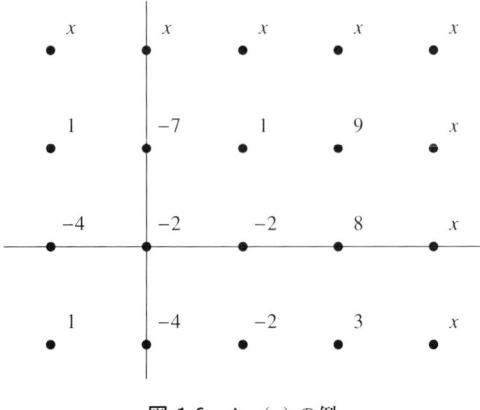

図 1.6　$\Delta_\mathbf{w}(\mathbf{a})$ の例

ただし，x のところは，その右や上の値がないと決まらない．実際にはアレイは無限に広がっているから，値は決まっているはずである．

したがって離散トモグラフィーとは

$\Delta_\mathbf{w}(\mathbf{a})$ から $\mathbf{a}$ を再構成できるか

ということを主要な問題とするものである．

1.3　$(0, \pm 1)$ 問題

少し問題を制限して，アレイの各点での値は 0 か 1 か −1 しか許さないものとし，図 1.2 と同じウィンドウ $\mathbf{w}$ に対して $\Delta_\mathbf{w}(\mathbf{a}) = \mathbf{0}$ となるようなアレイ $\mathbf{a}$ を求めてみよう．ここで右辺の「$\mathbf{0}$」はあらゆる格子点での値が 0 であるようなアレイを表す記号である．したがって問題は，0，±1 のみからなるアレイであって，ウィンドウをどこに動かしても，そこで見た値の和が 0 となるようなものを探す，ということになる．

たとえば，まず 0，1，−1 を図 1.7 のようにおいてみる：

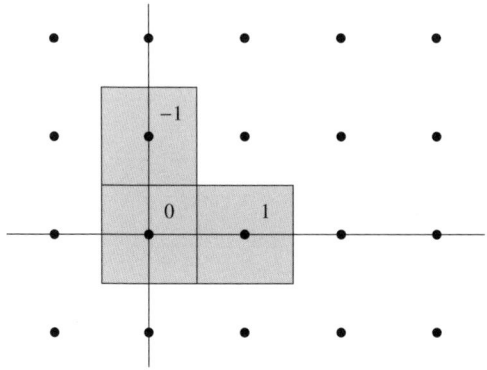

図 1.7　$(0, \pm 1)$ 問題：スタート

そうすればもとのウィンドウでの和は 0 である．そこで「1」の 1 つ右にも「1」をおいてみよう：

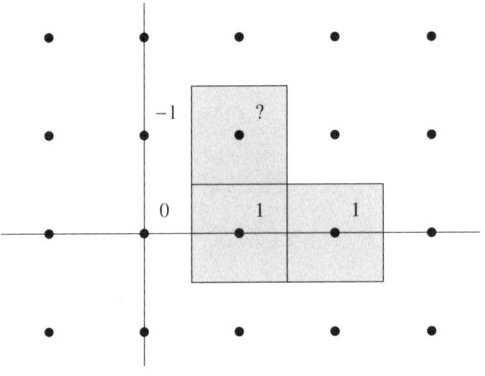

図 1.8 (0, ±1) 問題：失敗例

すると図のようにウィンドウを右に 1 つずらしたウィンドウ w + (1, 0) で見た値の和を 0 にするためには，「？」のところに「−2」が来なければならない．しかしアレイの値は 0, ±1 に限るのであったから，これは不可能である．ということは，(2, 0) のところに「1」を入れたのが失敗であった．ではそこに「0」を入れてみよう（図 1.9 参照）：

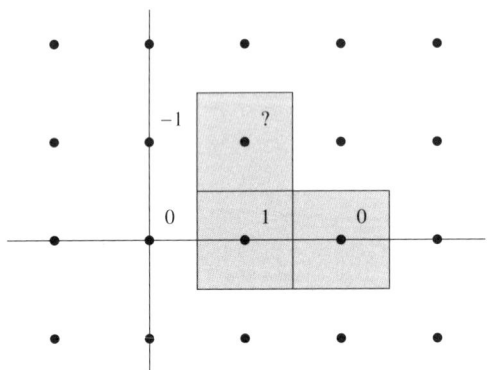

図 1.9 (0, ±1) 問題：ステップ 2

すると「？」のところには「−1」が入れられる：

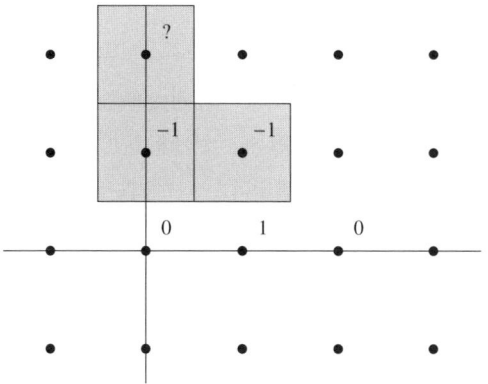

図 1.10 $(0, \pm 1)$ 問題：また失敗

しかし，今度はこの図 1.10 の「?」のところが，「2」にならざるを得ず，$(2, 0)$ のところに「0」を入れたのも失敗である．したがって $(2, 0)$ のところは「−1」でしかあり得ない．このようにして埋めていくと，次のようなアレイができあがる：

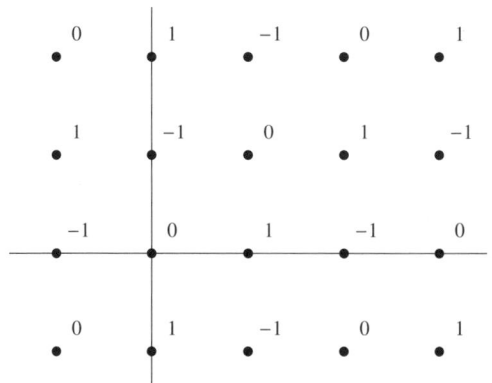

図 1.11 $(0, \pm 1)$ 問題：成功例

数の並び方がきれいに周期的になっていることに注意しよう（図 1.11 参照）．

1.4　一般論の先取り

先に観察した現象は，実は後に述べる一般的な理論によって解明されることとなるのだが，ここではその結果を先取りして分析してみよう．

まずその理論でもっとも重要な役割をはたす「特性多項式 (characteristic polynomial)」というものを導入する．これは与えられたウィンドウ $\mathbf{w}$ に対して，次のルールで定義される2変数多項式である:

$$m_{\mathbf{w}} = \sum_{(i,j)\in\mathbf{w}} x^i y^j$$

したがって，先の例のL字型のウィンドウを「$\mathbf{w}_L$」とよぶことにすると，その特性多項式は

$$m_{\mathbf{w}_L} = x^0 y^0 + x^1 y^0 + x^0 y^1 = 1 + x + y$$

で与えられる．

次にこの特性多項式の値が0となるような絶対値1の複素数 x, y を求めてみよう．複素平面で考えて，原点Oから 1, $1+x$, $1+x+y$ を順に線分でつなぐと図 1.12 のようになる．

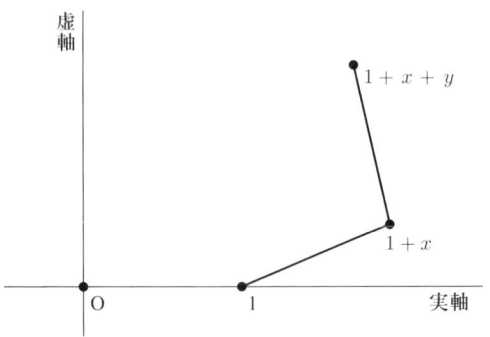

図 1.12　1, x, y の関係図

この終点 $1+x+y$ が0に等しくなるのだから，三辺が正三角形をつくる次の2つの図の場合しかない（図 1.13, 1.14 参照）:

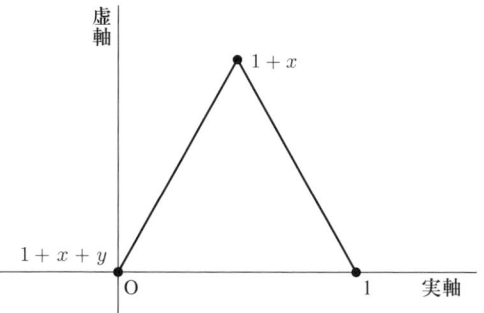

図 1.13 $1+x+y=0$ の図 1

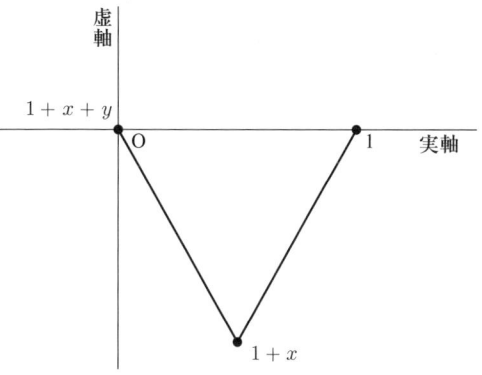

図 1.14 $1+x+y=0$ の図 2

図 1.13 から x の偏角は $120°$, y の偏角は $240°$ であることがわかり, どちらも絶対値が 1 であることと合わせれば

$$x = \omega = \frac{-1+\sqrt{-3}}{2}$$
$$y = \omega^2 = \frac{-1-\sqrt{-3}}{2}$$

と表される. ここで $\omega^3 = 1$ であるから, ω は 1 の 3 乗根であることに注意しよう. 一方, 図 1.14 からは同様に $(x, y) = (\omega^2, \omega)$ であることがわかる. したがって

$$(x, y) = (\omega, \omega^2) \text{ か } (x, y) = (\omega^2, \omega)$$
$$\left(\omega \text{ は } 1 \text{ の } 3 \text{ 乗根}, \omega = \frac{-1+\sqrt{-3}}{2}\right)$$

の 2 つの場合しかあり得ない．

さて，ここで求めた 2 つの解から次のようにして 2 つのアレイをつくろう．まず $(x, y) = (\omega, \omega^2)$ を使ってアレイ $\mathbf{a} = (\mathbf{a}_{(i,j)})_{(i,j) \in \mathbf{Z}^2}$ を

$$\mathbf{a}_{(i,j)} = \omega^i \cdot (\omega^2)^j \tag{1.1}$$

で定義する．したがって，たとえば

$$\begin{aligned}
\mathbf{a}_{(0,0)} &= \omega^0 \cdot (\omega^2)^0 = 1 \\
\mathbf{a}_{(1,0)} &= \omega^1 \cdot (\omega^2)^0 = \omega \\
\mathbf{a}_{(0,1)} &= \omega^0 \cdot (\omega^2)^1 = \omega^2 \\
\mathbf{a}_{(1,1)} &= \omega^1 \cdot (\omega^2)^1 = \omega^3 = 1
\end{aligned}$$

というように値が決まる．

次に $(x, y) = (\omega^2, \omega)$ を使ってアレイ $\mathbf{b} = (\mathbf{b}_{(i,j)})_{(i,j) \in \mathbf{Z}^2}$ を

$$\mathbf{b}_{(i,j)} = (\omega^2)^i \cdot \omega^j \tag{1.2}$$

で定義する．したがって，たとえば

$$\begin{aligned}
\mathbf{b}_{(0,0)} &= (\omega^2)^0 \cdot \omega^0 = 1 \\
\mathbf{b}_{(1,0)} &= (\omega^2)^1 \cdot \omega^0 = \omega^2 \\
\mathbf{b}_{(0,1)} &= (\omega^2)^0 \cdot \omega^1 = \omega \\
\mathbf{b}_{(1,1)} &= (\omega^2)^1 \cdot \omega^1 = \omega^3 = 1
\end{aligned}$$

のようになっている．これらを図示すると次のようになる：

1.4 一般論の先取り 11

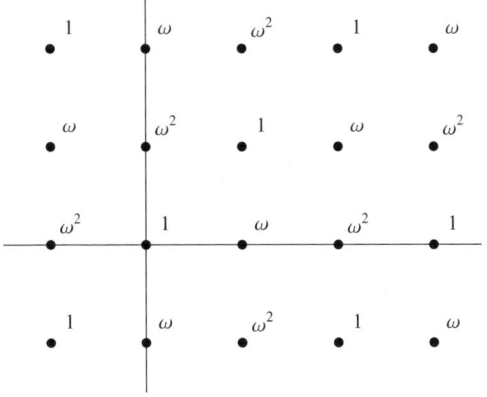

図 1.15 アレイ a

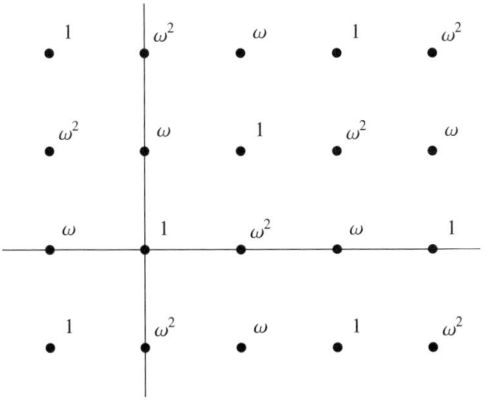

図 1.16 アレイ b

1.3 節で出てきた 0, ±1 のアレイと同じ周期性がどちらのアレイにも現れていることに注意しよう.

次にこの 2 つのアレイの「差」を取ってみる. すなわち

$$(i, j) \in \mathbf{Z}^2 での値が \mathbf{a}_{(i,j)} - \mathbf{b}_{(i,j)} であるようなアレイを \mathbf{c} \tag{1.3}$$

とすると, 図 1.17 となり

12　第 1 章　離散トモグラフィーとは

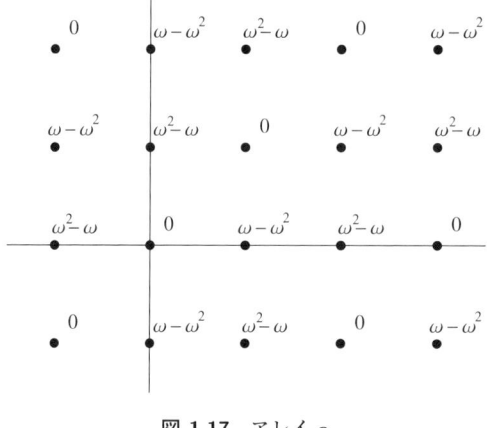

図 1.17　アレイ c

さらに各点での値を $\omega - \omega^2$ で割ったアレイを $\mathbf{c}'$ とすると

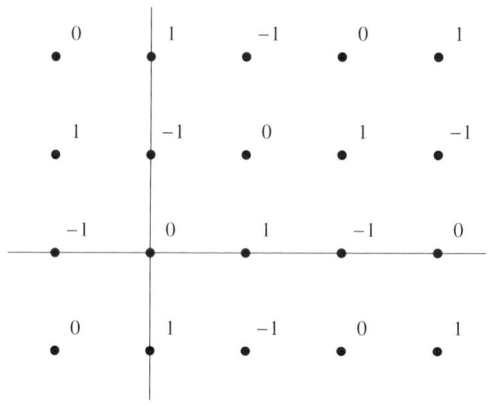

図 1.18　アレイ c'

となって（図 1.18 参照），これは 1.3 節で出てきたアレイと全く同じである！

このように，これから述べていく離散トモグラフィーの理論は，数独のように 1 つひとつのマス目を埋めていかなければならない作業をいとも簡単に計算だけで完成することを可能にしてくれるのである．

練習問題

1-1 1次元のウィンドウ $\mathbf{w} = \{0, 1, 2\} \subset \mathbf{Z}$ について次の問に答えよ．

(1) $\Delta_{\mathbf{w}}(\mathbf{a}) = 0$ となるアレイ $\mathbf{a}$ であって，その値 $\mathbf{a}_i$ が 0 か 1 か -1 であるものをすべて求めよ．ただしすべての値が 0 となるアレイは除くものとする．(全部で6つある.)

(2) $\mathbf{w}$ の特性多項式 $m_{\mathbf{w}}$ を求めよ．変数は x とする．

(3) 特性多項式の解を求め，それを用いて式 (1.1), (1.2) のようにして2つのアレイ $\mathbf{a}, \mathbf{b}$ をつくれ．

(4) (3) で求めた $\mathbf{a}, \mathbf{b}$ と (1) で求めた6つのアレイの関係を見いだせ．

1-2 2次元のウィンドウ $\mathbf{w} = \{(0,0), (1,0), (1,1)\} \subset \mathbf{Z}^2$ について次の問に答えよ．

(1) $\Delta_{\mathbf{w}}(\mathbf{a}) = 0$ となるアレイ $\mathbf{a}$ であって，その値 $\mathbf{a}_{(i,j)}$ が 0 か 1 か -1 であるものをすべて求めよ．ただしすべての値が 0 となるアレイは除くものとする（全部で6つある）．

(2) $\mathbf{w}$ の特性多項式を求めよ．変数は x, y とする．

(3) 特性多項式の解を求め，それを用いて式 (1.1), (1.2) のようにして2つのアレイ $\mathbf{a}, \mathbf{b}$ を作れ．

(4) (3) で求めた $\mathbf{a}, \mathbf{b}$ と (1) で求めた6つのアレイの関係を見いだせ．

第2章 基本概念

第1章で2次元の場合を例に取って離散トモグラフィーの世界を垣間見たが，そこで導入された用語や概念を一般の次元の場合に正確に定義するのが本章の目標である．

2.1 アレイとそのサポート

一般に n 次元空間の格子点の集合 $\mathbf{Z}^n = \{(i_1, \cdots, i_n); i_k \in \mathbf{Z}(1 \leq k \leq n)\}$ の各点に値（一般には複素数値）が与えられた「n 次元のアレイ」を考えることができる．その全体を $\mathbf{A}$ と書く．したがって1つのアレイは

$$\mathbf{a} = (\mathbf{a}_{(i_1, \cdots, i_n)})_{(i_1, \cdots, i_n) \in \mathbf{Z}^n}, \mathbf{a}_{(i_1, \cdots, i_n)} \in \mathbf{A}$$

と表すことができる．そして，アレイ $\mathbf{a}$ に対してその「サポート (support)」 $\mathrm{supp}(\mathbf{a})$ を，$\mathbf{a}$ の値が 0 でないような格子点の全体の集合とする：

$$\mathrm{supp}(\mathbf{a}) = \{(i_1, \cdots, i_n) \in \mathbf{Z}^n; \mathbf{a}_{(i_1, \cdots, i_n)} \neq 0\}$$

注意1 今後見かけが煩雑にならないように，$\mathbf{Z}^n$ の点 $(i_1, \cdots, i_n)$ のことを $\mathbf{i}$ と表す方法も併用する．したがって上のアレイは $\mathbf{a} = (\mathbf{a_i})_{\mathbf{i} \in \mathbf{Z}^n}$ と簡潔に表すことができる．

例 2.1
2次元のアレイ $\mathbf{a}$ が図 2.1 で与えられているとき

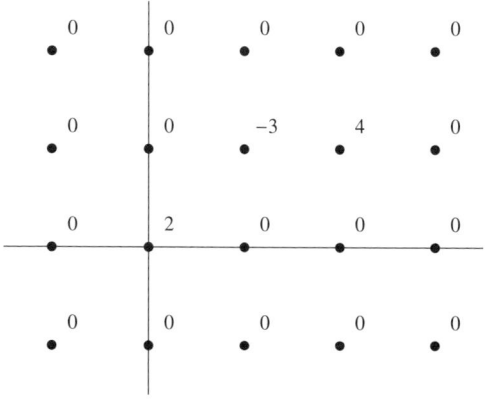

図 2.1 アレイのサポート

そのサポートは（図に現れていないところはすべて値が 0 とすると）

$$\mathrm{supp}(\mathbf{a}) = \{(0, 0), (1, 1), (2, 1)\}$$

となる.

例 2.2

1 次元のアレイ $\mathbf{b} = (\mathbf{b}_i)_{i \in \mathbf{Z}}$ が $\mathbf{b}_i = \cos \dfrac{i\pi}{2}$ で定義されているときは

$$\begin{aligned}
\mathrm{supp}(\mathbf{b}) &= \{i \in \mathbf{Z};\, \cos \dfrac{i\pi}{2} \neq 0\} \\
&= \{0, \pm 2, \pm 4, \cdots\} \\
&= 2\mathbf{Z} \\
&= \text{「偶数全体の集合」}
\end{aligned}$$

となる.

2.2 ウィンドウ

サポートが有限集合であるようなアレイをウィンドウとよび，その全体を $\mathbf{W}$

と書く：

$$\mathbf{W} = \{\mathbf{a} \in \mathbf{A}; \sharp(\mathrm{supp}(\mathbf{a})) < \infty\}$$

ここで，$\sharp(X)$ は集合 X の元の個数を表す記号である．

したがって，例 2.1 のアレイはウィンドウであり，例 2.2 のアレイはウィンドウではない．とくに $\mathbf{Z}^n$ の有限部分集合 S が与えられたとき，その特性関数 χ_S はウィンドウである．ここで特性関数 χ_S とは

$$\chi_S(\mathbf{i}) = \begin{cases} 1, & \mathbf{i} \in S \\ 0, & \mathbf{i} \notin S \end{cases}$$

というルールで定義された $\mathbf{Z}^n$ 上の関数のことである．したがって，そのサポートはまさに定義によって

$$\mathrm{supp}(\chi_S) = S$$

であり，S は有限集合と仮定したから，χ_S はウィンドウなのである．

注意 2 第 1 章では，$\mathbf{Z}^2$ の有限部分集合のことをウィンドウと説明したが，本章以降そのような有限部分集合の各点に「重み」をつけたものも考えることが必要になるので，上のように定義した．

ウィンドウの平行移動の定義も自然に一般化される．ウィンドウ $\mathbf{w}$ と $\mathbf{p} = (p_1, \cdots, p_n) \in \mathbf{Z}^n$ に対し，$\mathbf{w}$ の $\mathbf{p}$ による平行移動 $\mathbf{w} + \mathbf{p}$ とは

$$(\mathbf{w} + \mathbf{p})_{(i_1, \cdots, i_n)} = \mathbf{w}_{(i_1 - p_1, \cdots, i_n - p_n)}$$

で定義されるウィンドウのことである．

次に，アレイ $\mathbf{a}$ とウィンドウ $\mathbf{w}$ が与えられたとき，「$\mathbf{a}$ の $\mathbf{w}$ に関する次数 (degree)$d_\mathbf{w}(\mathbf{a})$」を次のように定義する：

$$d_\mathbf{w}(\mathbf{a}) = \sum_{\mathbf{i} \in \mathbf{Z}^n} \mathbf{w}_\mathbf{i} \mathbf{a}_\mathbf{i}$$

この右辺は一見すると無限和だが，ウィンドウ $\mathbf{w}$ のサポートは有限集合だから，実際はそのサポートに属する $\mathbf{i}$ についての和になる．したがって有限和であ

り，値が有限値として確定することに注意しよう．

さらに，あるアレイのすべての平行移動したウィンドウに関する次数を集めたアレイ $\Delta_{\mathbf{w}}(\mathbf{a})$ を次式で定義する：

$$\Delta_{\mathbf{w}}(\mathbf{a}) = (d_{\mathbf{w}+\mathbf{p}}(\mathbf{a}))_{\mathbf{p} \in \mathbf{Z}^n} \tag{2.1}$$

また「特性多項式」も n 次元の場合へ自然に一般化される：

$$m_{\mathbf{w}} = \sum_{(i_1, \cdots, i_n) \in \mathbf{Z}^n} \mathbf{w}_{(i_1, \cdots, i_n)} z_1^{i_1} \cdots z_n^{i_n} \tag{2.2}$$

ここでもウィンドウ $\mathbf{w}$ のサポートが有限集合だから，式 (2.2) の右辺は有限和であることに注意しよう．

注意 3 式 (2.2) の右辺の $i_1, \cdots, i_n$ の中には負の数もあり得るから，$z_1, \cdots, z_n$ の負のベキ乗，すなわち分数が現れることも許している．そのような有限和を「ローラン多項式 (Laurent polynomial)」とよぶ．したがって，ここでいう特性多項式とはローラン多項式という意味でいっている．

例 2.3

2 次元のアレイ $\mathbf{a}$ が図 2.2 のように与えられ

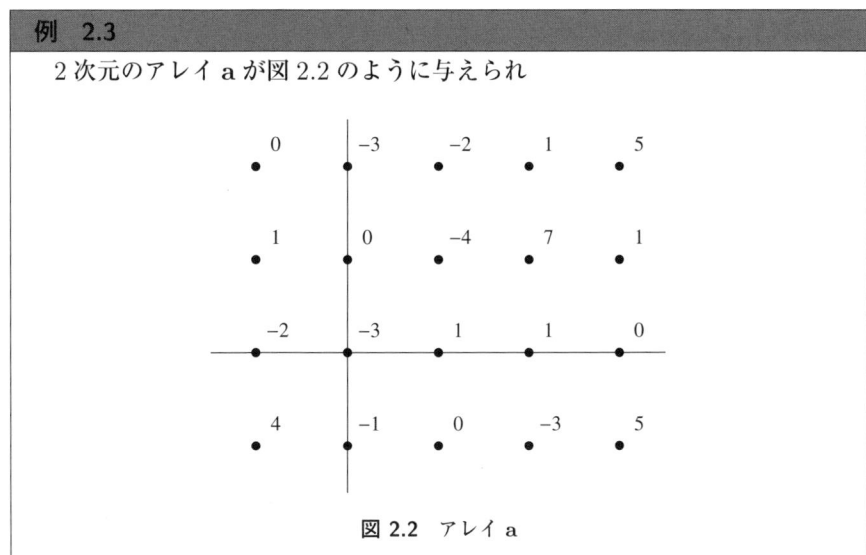

図 2.2 アレイ $\mathbf{a}$

ウィンドウ w が図 2.3 で与えられているとき

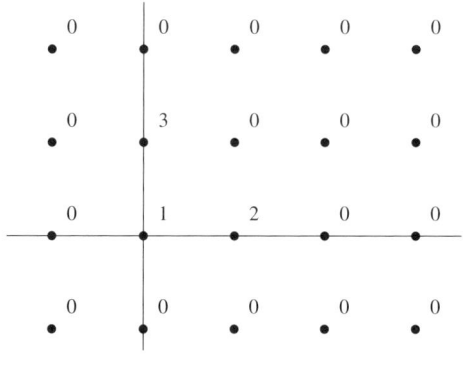

図 2.3 ウィンドウ w

a の w に関する次数は
$$d_{\mathbf{w}}(\mathbf{a}) = 1 \cdot (-3) + 2 \cdot 1 + 3 \cdot 0 = -1$$
というように計算される．また平行移動したウィンドウについても，たとえば
$$d_{\mathbf{w}+(1,0)}(\mathbf{a}) = 1 \cdot 1 + 2 \cdot 1 + 3 \cdot (-4) = -9$$
$$d_{\mathbf{w}+(1,1)}(\mathbf{a}) = 1 \cdot (-4) + 2 \cdot 7 + 3 \cdot (-2) = 4$$
のようになる．またウィンドウ $\Delta_{\mathbf{w}}(\mathbf{a})$ は図 2.4 のようになる：

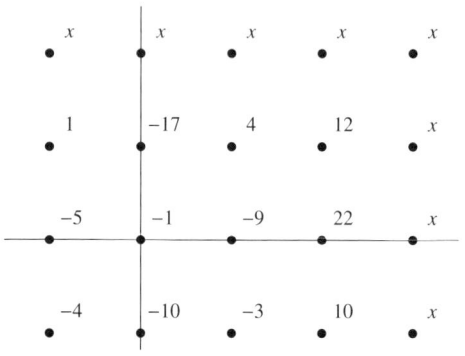

「x」のところはその右や上の値に依存する．

図 2.4 アレイ $\Delta_{\mathbf{w}}(\mathbf{a})$

例 2.4

アレイ $\mathbf{a}^0$ を

$$\mathbf{a}^0_{(i,j)} = \begin{cases} 1, & j \text{ が偶数} \\ -1, & j \text{ が奇数} \end{cases}$$

と定義する．これは図 2.5 のようなアレイである：

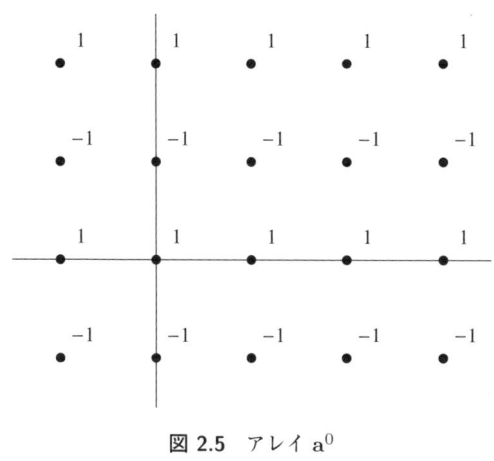

図 2.5 アレイ $\mathbf{a}^0$

このとき，例 2.3 と同じウィンドウ $\mathbf{w}$ に対して，$\Delta_\mathbf{w} \mathbf{a}^0$ はどのようなアレイになるだろうか．少し頭の中で $\mathbf{w}$ を上下左右に動かしながら「1 倍，2 倍，3 倍して足す」ということを試してみると，いつも値が 0 になることがわかるだろう．すなわち

$$\Delta_\mathbf{w} \mathbf{a}^0 = \mathbf{0}$$

が成り立っている．実は「離散トモグラフィーの基本定理」を使えば

> 有界なアレイ $\mathbf{a}$ であって $\Delta_\mathbf{w} \mathbf{a}^0 = \mathbf{0}$ となるものは
> 本質的に $\mathbf{a}^0$ しかない (2.3)

ということを示すことができる（第 4 章例 4.3 参照）．

注意 4 (2.3) を何の道具も使わずに考えるとすると，たとえば $\mathbf{a}_{(0,0)} = 1$, $\mathbf{a}_{(1,0)} = 4$ とおけば，$\mathbf{a}_{(0,1)} = -3$ と決まるが，$\mathbf{a}_{(2,0)}$ は無限通りの選択肢があり，ましてや $\mathbf{Z}^2$ すべての点で値を順々に決めていくのはほぼ不可能である．(2.3) をいとも簡単に導くことができるのが基本定理の威力である．

2.3　零和アレイ

第 1 章，そして 2.2 節でも現れたが，ウィンドウ $\mathbf{w}$ をどのように平行移動して次数を計算しても 0 となるようなアレイを「$\mathbf{w}$ に関する零和アレイ (zero-sum array)」とよび，その全体の集合を $\mathbf{A}_\mathbf{w}$ と書く：

$$\mathbf{A}_\mathbf{w} = \{\mathbf{a} \in \mathbf{A}; \Delta_\mathbf{w}(\mathbf{a}) = 0\} \tag{2.4}$$

与えられたウィンドウ $\mathbf{w}$ に対して，$\mathbf{A}_\mathbf{w}$ をどのようにしたら見いだすことができるか，というのが本書の基本テーマであり，次章以降で詳しく調べていくことになる．

練習問題

2-1 2次元のアレイ $\mathbf{a} = (\mathbf{a}_{(i,j)})_{(i,j) \in \mathbf{Z}^2}$ を次のように定める：

$$\mathbf{a}_{(i,j)} = \begin{cases} 0, & i+j \text{ が偶数} \\ 1, & i+j \text{ が奇数} \end{cases}$$

(1) $S = \{(0,0), (1,0), (0,1)\}$ とするとき，$\Delta_{\chi_S}(\mathbf{a})$ を求めよ．

(2) ウィンドウ $\mathbf{w}$ を次のように定める：

$$\mathbf{w}_{(i,j)} = \begin{cases} 1, & (i,j) = (1,0) \\ -1, & (i,j) = (0,1) \\ 0, & \text{それ以外の } (i,j) \end{cases}$$

このとき $\Delta_\mathbf{w}(\mathbf{a})$ を求めよ．

(3) 次の条件をみたすウィンドウをすべて求めよ：

(3.1) $\mathrm{supp}(\mathbf{w}) = \{(0,0), (1,0), (0,1), (1,1)\}$

(3.2) $\mathbf{w}$ の値は 0 か 1 か -1

(3.3) $\Delta_\mathbf{w}(\mathbf{a}) = 0$

第3章 アレイと線形代数

　n 次元のアレイの全体の集合 $\mathbf{A}$ が $\mathbf{C}$ 上の線形空間であることの確認から始めて，離散トモグラフィーの中心的な対象となる部分空間や線形写像を導入し，その性質を調べるのが本章の目標である（線形代数学の基本的な事項については，補説第 III 章にまとめて解説してある）．

3.1　アレイの演算

　すでに第 1 章で 2 つのアレイを「足し」たり，あるアレイを「定数倍」して興味のあるアレイをつくったのだが，そのようなことができる根拠を明確にしていきたい．

❖ 定義 3.1 ❖　アレイの和

2 つの n 次元のアレイ

$$\mathbf{a} = (\mathbf{a}_{(i_1, \cdots, i_n)})_{(i_1, \cdots, i_n) \in \mathbf{Z}^n}, \ \mathbf{b} = (\mathbf{b}_{(i_1, \cdots, i_n)})_{(i_1, \cdots, i_n) \in \mathbf{Z}^n}$$

の和 $\mathbf{a} + \mathbf{b}$ は，各 $(i_1, \cdots, i_n) \in \mathbf{Z}^n$ でのそれぞれの値を足したアレイとして定義する：

$$\mathbf{a} + \mathbf{b} = (\mathbf{a}_{(i_1, \cdots, i_n)} + \mathbf{b}_{(i_1, \cdots, i_n)})_{(i_1, \cdots, i_n) \in \mathbf{Z}^n}$$

> **❖ 定義 3.2 ❖** アレイの定数倍
>
> n 次元のアレイ $\mathbf{a} = (\mathbf{a}_{(i_1,\cdots,i_n)})_{(i_1,\cdots,i_n)\in \mathbf{Z}^n}$ と定数 $c \in \mathbf{C}$ に対し,$\mathbf{a}$ の c 倍 $c\mathbf{a}$ は,各 $(i_1,\cdots,i_n) \in \mathbf{Z}^n$ での値を全部 c 倍したアレイとして定義する:
>
> $$c\mathbf{a} = (c\mathbf{a}_{(i_1,\cdots,i_n)})_{(i_1,\cdots,i_n)\in \mathbf{Z}^n}$$

また,各 $(i_1,\cdots,i_n) \in \mathbf{Z}^n$ での値が 0 であるようなアレイを $\mathbf{0}$ で表す.すると任意のアレイの $\mathbf{a}$ に対して

$$\mathbf{a} + \mathbf{0} = \mathbf{a},\ \mathbf{0} + \mathbf{a} = \mathbf{a}$$

が成り立つ.したがって $\mathbf{0}$ は $\mathbf{A}$ の加法の単位元である.

> **例 3.1**
>
> 第 1 章 1.4 節の式 (1.3) のアレイ $\mathbf{c}$ は,上の記号を用いると $\mathbf{a} + (-1)\mathbf{b}$ と表される.また,同じ節のアレイ $\mathbf{c}'$ は $\dfrac{1}{\omega - \omega^2}\mathbf{c}$ と表される.

3.2　有界なアレイと零和アレイ

本書において大事な役割を果たす概念の 1 つとして「有界なアレイ (bounded array)」というものを導入する.これは各 $(i_1,\cdots,i_n) \in \mathbf{Z}^n$ での値の絶対値すべてが,ある一定の正の数でおさえられるようなアレイのことである.そして有界なアレイ全体の集合を $\mathbf{A}^0$ と書く:

$$\mathbf{A}^0 = \{\mathbf{a} \in \mathbf{A};\ \text{ある定数}\ M\ \text{が存在して}\ |\mathbf{a}_{(i_1,\cdots,i_n)}| < M((i_1,\cdots,i_n) \in \mathbf{Z}^n)\}$$

また,2.3 節の式 (2.4) でも述べたが,$\mathbf{w}$ に関する零和アレイの全体の集合を $\mathbf{A}_\mathbf{w}$ と書く:

$$\mathbf{A}_\mathbf{w} = \{\mathbf{a} \in \mathbf{A};\ \Delta_\mathbf{w}(\mathbf{a}) = 0\}$$

そしてこの 2 つの集合の共通部分を $\mathbf{A}_\mathbf{w}^0$ と書く:

$$\mathbf{A}_\mathbf{w}^0 = \mathbf{A}^0 \cap \mathbf{A}_\mathbf{w} \tag{3.1}$$

この $\mathbf{A}_\mathbf{w}^0$ の構造をさまざまなウィンドウ $\mathbf{w}$ に対して考察することが離散トモグラフィーの中心的な問題である．

次にこれら 3 つの集合 $\mathbf{A}^0$，$\mathbf{A}_\mathbf{w}$，$\mathbf{A}_\mathbf{w}^0$ についての基本的な性質を以下に述べる．

✤ 命題 3.3 ✤

$\mathbf{A}^0$，$\mathbf{A}_\mathbf{w}$，$\mathbf{A}_\mathbf{w}^0$ はそれぞれ $\mathbf{A}$ の線形部分空間である．

証明

- (A) $\mathbf{A}^0$ について

次の 2 つのことを示せばよい：

(A.1) $\mathbf{a}, \mathbf{b} \in \mathbf{A}^0$ ならば $\mathbf{a} + \mathbf{b} \in \mathbf{A}^0$
(A.2) $\mathbf{a} \in \mathbf{A}^0$，$c \in \mathbf{C}$ ならば $c\mathbf{a} \in \mathbf{A}^0$

- (A.1) について

$\mathbf{A}^0$ で定義によれば

$$|\mathbf{a_i}| < M_\mathbf{a}, \quad |\mathbf{b_i}| < M_\mathbf{b} \tag{3.2}$$

がすべての $\mathbf{i} \in \mathbf{Z}^n$ について成り立つような定数 $M_\mathbf{a}$，$M_\mathbf{b} > 0$ が存在する．

このとき

$$\begin{aligned}
|(\mathbf{a}+\mathbf{b})_\mathbf{i}| &= |\mathbf{a_i} + \mathbf{b_i}| & (\Leftarrow \text{アレイの和の定義 3.1}) \\
&\leq |\mathbf{a_i}| + |\mathbf{b_i}| & (\Leftarrow \text{三角不等式}) \\
&< M_\mathbf{a} + M_\mathbf{b} & (\Leftarrow \text{式 (3.2) より})
\end{aligned}$$

となるから，$M = M_\mathbf{a} + M_\mathbf{b}$ とおけば，アレイ $\mathbf{a}+\mathbf{b}$ についてそのすべての値の絶対値が M でおさえられる．したがって $\mathbf{a}+\mathbf{b} \in \mathbf{A}^0$ が示された．

- (A.2) について

まず $c = 0$ のときは $c\mathbf{a} = 0 \cdot \mathbf{a} = \mathbf{0}$ であり，$\mathbf{0}$ はもちろん有界だからこの場合 $c\mathbf{a} \in \mathbf{A}^0$ が成り立つ．したがって，$c \neq 0$ の場合を調べればよい．$\mathbf{a} \in \mathbf{A}^0$

という仮定より，定数 $M_\mathbf{a} > 0$ が存在して

$$|\mathbf{a_i}| < M_\mathbf{a} \qquad (3.3)$$

がすべての $\mathbf{i} \in \mathbf{Z}^n$ について成り立っている．このとき

$$\begin{aligned}|(c\mathbf{a})_\mathbf{i}| &= |c\mathbf{a_i}| & (\Leftarrow \text{アレイの定数倍の定義 3.2}) \\ &= |c||\mathbf{a_i}| & (\Leftarrow \text{絶対値の性質}) \\ &< |c|M_\mathbf{a} & (\Leftarrow \text{式 (3.3) と } c \neq 0 \text{ より})\end{aligned}$$

したがって $M = |c|M_\mathbf{a}$ とおけばアレイ $c\mathbf{a}$ について，そのすべての値の絶対値が M でおさえられることがわかる．よって $c\mathbf{a} \in \mathbf{A}^0$ が示された．

■ **(B)** $\mathbf{A_w}$ について

次の 2 つのことを示せばよい：

> (B.1) $\mathbf{a}, \mathbf{b} \in \mathbf{A_w}$ ならば $\mathbf{a} + \mathbf{b} \in \mathbf{A_w}$
> (B.2) $\mathbf{a} \in \mathbf{A_w}, c \in \mathbf{C}$ ならば $c\mathbf{a} \in \mathbf{A_w}$

□ **(B.1) について**

$\mathbf{A_w}$ の定義によれば

$$d_{\mathbf{w}+\mathbf{p}}(\mathbf{a}) = 0, \quad d_{\mathbf{w}+\mathbf{p}}(\mathbf{b}) = 0 \qquad (3.4)$$

がすべての $\mathbf{p} \in \mathbf{Z}^n$ に対して成り立っている．このとき

$$\begin{aligned}d_{\mathbf{w}+\mathbf{p}}(\mathbf{a}+\mathbf{b}) &= \sum_{\mathbf{i} \in \mathbf{Z}^n} (\mathbf{w}+\mathbf{p})_\mathbf{i}(\mathbf{a}+\mathbf{b})_\mathbf{i} & (\Leftarrow \text{次数の定義}) \\ &= \sum_{\mathbf{i} \in \mathbf{Z}^n} \mathbf{w_{i-p}}(\mathbf{a}+\mathbf{b})_\mathbf{i} & (\Leftarrow \text{ウィンドウの平行移動の定義}) \\ &= \sum_{\mathbf{i} \in \mathbf{Z}^n} \mathbf{w_{i-p}}(\mathbf{a_i} + \mathbf{b_i}) & (\Leftarrow \text{アレイの和の定義}) \\ &= \sum_{\mathbf{i} \in \mathbf{Z}^n} (\mathbf{w_{i-p}}\mathbf{a_i} + \mathbf{w_{i-p}}\mathbf{b_i}) & (\Leftarrow \text{分配法則}) \\ &= \sum_{\mathbf{i} \in \mathbf{Z}^n} \mathbf{w_{i-p}}\mathbf{a_i} + \sum_{\mathbf{i} \in \mathbf{Z}^n} \mathbf{w_{i-p}}\mathbf{b_i} & (\Leftarrow \Sigma \text{ は分けてよい})\end{aligned}$$

$$= \sum_{\mathbf{i}\in\mathbf{Z}^n}(\mathbf{w}+\mathbf{p})_\mathbf{i}\mathbf{a_i} + \sum_{\mathbf{i}\in\mathbf{Z}^n}(\mathbf{w}+\mathbf{p})_\mathbf{i}\mathbf{b_i}$$
($\Leftarrow$ ウィンドウの平行移動の定義)

$$= d_{\mathbf{w}+\mathbf{p}}(\mathbf{a}) + d_{\mathbf{w}+\mathbf{p}}(\mathbf{b}) \qquad (\Leftarrow \text{次数の定義})$$
$$= 0 + 0 \qquad (\Leftarrow \text{仮定式 (3.4) より})$$
$$= 0$$

となるから $\mathbf{a}+\mathbf{b} \in \mathbf{A_w}$ が成り立ち，(B.1) が示された．(B.2) についてもほぼ同じ論法で

$$d_{\mathbf{w}+\mathbf{p}}(c\mathbf{a}) = \sum_{\mathbf{i}\in\mathbf{Z}^n}(\mathbf{w}+\mathbf{p})_\mathbf{i}(c\mathbf{a})_\mathbf{i} \qquad (\Leftarrow \text{次数の定義})$$

$$= \sum_{\mathbf{i}\in\mathbf{Z}^n}\mathbf{w_{i-p}}(c\mathbf{a})_\mathbf{i} \qquad (\Leftarrow \text{ウィンドウの平行移動の定義})$$

$$= \sum_{\mathbf{i}\in\mathbf{Z}^n}\mathbf{w_{i-p}}(c\mathbf{a_i}) \qquad (\Leftarrow \text{アレイの定数倍の定義})$$

$$= c\sum_{\mathbf{i}\in\mathbf{Z}^n}\mathbf{w_{i-p}}\mathbf{a_i} \qquad (\Leftarrow \text{定数は } \Sigma \text{ の外に出してよい})$$

$$= c\sum_{\mathbf{i}\in\mathbf{Z}^n}(\mathbf{w}+\mathbf{p})_\mathbf{i}\mathbf{a_i} \qquad (\Leftarrow \text{ウィンドウの平行移動の定義})$$

$$= c d_{\mathbf{w}+\mathbf{p}}(\mathbf{a}) \qquad (\Leftarrow \text{次数の定義})$$
$$= c \cdot 0 \qquad (\Leftarrow \text{仮定 } \mathbf{a}\in\mathbf{A_w} \text{ より})$$
$$= 0$$

というように証明される．したがって $\mathbf{A_w}$ は $\mathbf{A}$ の線形部分空間である．

■ **(C) $\mathbf{A_w^0}$ について**

定義 3.1 より $\mathbf{A_w^0} = \mathbf{A}^0 \cap \mathbf{A_w}$ であり，一方

> 線形空間の2つの線形部分空間の共通部分は線形部分空間である

という線形代数学の事実がある（$\Leftarrow$ 命題 III.3）から，(A) と (B) から (C) が証明される． $\square$

上の証明の中で次のことも証明されていることに注意しよう：

3.2 有界なアレイと零和アレイ

【次数写像の線形性】
ウィンドウ w に対し，アレイ a に次数 $d_\mathbf{w}(\mathbf{a})$ を対応させる写像 $d_\mathbf{w} : \mathbf{A} \to \mathbf{C}$ は線形写像である．すなわち
$\mathbf{a}, \mathbf{b} \in \mathbf{A}$ ならば $d_\mathbf{w}(\mathbf{a}+\mathbf{b}) = d_\mathbf{w}(\mathbf{a}) + d_\mathbf{w}(\mathbf{b})$,
$\mathbf{a} \in \mathbf{A}, c \in \mathbf{C}$ ならば $d_\mathbf{w}(c\mathbf{a}) = cd_\mathbf{w}(\mathbf{a})$

このことから次の命題が導きだされる：

❖ 命題 3.4 ❖
式 (2.1) で定義された写像 $\Delta_\mathbf{w} : \mathbf{A} \to \mathbf{A}$ は線形写像である．

証明

2つのアレイ $\mathbf{a}, \mathbf{b} \in \mathbf{A}$ に対し
$$\begin{aligned}
\Delta_\mathbf{w}(\mathbf{a}+\mathbf{b}) &= (d_{\mathbf{w}+\mathbf{p}}(\mathbf{a}+\mathbf{b}))_{\mathbf{p} \in \mathbf{Z}^n} && (\Leftarrow \Delta_\mathbf{w} \text{ の定義より}) \\
&= (d_{\mathbf{w}+\mathbf{p}}(\mathbf{a}) + d_{\mathbf{w}+\mathbf{p}}(\mathbf{b}))_{\mathbf{p} \in \mathbf{Z}^n} && (\Leftarrow \text{次数写像の線形性}) \\
&= (d_{\mathbf{w}+\mathbf{p}}(\mathbf{a}))_{\mathbf{p} \in \mathbf{Z}^n} + (d_{\mathbf{w}+\mathbf{p}}(\mathbf{b}))_{\mathbf{p} \in \mathbf{Z}^n} && (\Leftarrow \text{アレイの和の定義}) \\
&= \Delta_\mathbf{w}(\mathbf{a}) + \Delta_\mathbf{w}(\mathbf{b}) && (\Leftarrow \Delta_\mathbf{w} \text{ の定義より})
\end{aligned}$$
また $\mathbf{a} \in \mathbf{A}, c \in \mathbf{C}$ のとき
$$\begin{aligned}
\Delta_\mathbf{w}(c\mathbf{a}) &= (d_{\mathbf{w}+\mathbf{p}}(c\mathbf{a}))_{\mathbf{p} \in \mathbf{Z}^n} && (\Leftarrow \Delta_\mathbf{w} \text{ の定義より}) \\
&= (cd_{\mathbf{w}+\mathbf{p}}(\mathbf{a}))_{\mathbf{p} \in \mathbf{Z}^n} && (\Leftarrow \text{次数写像の線形性}) \\
&= c(d_{\mathbf{w}+\mathbf{p}}(\mathbf{a}))_{\mathbf{p} \in \mathbf{Z}^n} && (\Leftarrow \text{アレイの定数倍の定義}) \\
&= c\Delta_\mathbf{w}(\mathbf{a}) && (\Leftarrow \Delta_\mathbf{w} \text{ の定義より})
\end{aligned}$$
となる．したがって $\Delta_\mathbf{w} : \mathbf{A} \to \mathbf{A}$ は線形写像である． □

そして次の命題は $\Delta_\mathbf{w}$ を $\mathbf{A}^0$ の線形変換に制限できることを示している：

❖ 命題 3.5 ❖
式 (2.1) で定義された写像 $\Delta_\mathbf{w}$ に関して
$$\Delta_\mathbf{w}(\mathbf{A}^0) \subset \mathbf{A}^0$$
が成りたつ．したがって $\Delta_\mathbf{w}$ は $\mathbf{A}^0$ の線形変換を引き起こす．

証明

$\mathbf{a} \in \mathbf{A}^0$ ならば $\Delta_\mathbf{w}(\mathbf{a}) \in \mathbf{A}^0$ であることを示せばよい．最初に $\mathbf{w} = \mathbf{0}$ のときは，$\Delta_\mathbf{w}$ があらゆるアレイ $\mathbf{a}$ を零アレイ $\mathbf{0}$ に対応させる写像となるから，命題は成り立っている．したがって $\mathbf{w} \neq \mathbf{0}$ としてよい．このとき $\text{supp}(\mathbf{w}) \neq \phi^*$ であることに注意しておく．

まず $\mathbf{a} \in \mathbf{A}^0$ という仮定より，定数 $M_\mathbf{a} > 0$ が存在して

$$|\mathbf{a_i}| < M_\mathbf{a} \qquad (\mathbf{i} \in \mathbf{Z}^n) \tag{3.5}$$

が成り立っている．またウィンドウ $\mathbf{w}$ のサポートは有限だから

$$|\mathbf{w_i}| < M_\mathbf{w} \qquad (\mathbf{i} \in \mathbf{Z}^n) \tag{3.6}$$

が成り立つような定数 $M_\mathbf{w} > 0$ も存在する．このとき任意の $\mathbf{p} \in \mathbf{Z}^n$ に対して

$$\begin{aligned}
|d_{\mathbf{w}+\mathbf{p}}(\mathbf{a})| &= |\sum_{\mathbf{i} \in \mathbf{Z}^n} \mathbf{w_{i-p}} \mathbf{a_i}| \quad (\Leftarrow \text{次数写像の定義と平行移動の定義より}) \\
&\leq \sum_{\mathbf{i} \in \mathbf{Z}^n} |\mathbf{w_{i-p}} \mathbf{a_i}| \quad (\Leftarrow \text{三角不等式}) \\
&= \sum_{\mathbf{i} \in \mathbf{Z}^n} |\mathbf{w_{i-p}}||\mathbf{a_i}| \quad (\Leftarrow \text{絶対値の性質}) \\
&= \sum_{\mathbf{i}-\mathbf{p} \in \text{supp}(\mathbf{w})} |\mathbf{w_{i-p}}||\mathbf{a_i}| \quad (\Leftarrow \text{サポートの外では } \mathbf{w_{i-p}} = 0) \\
&< \sum_{\mathbf{i}-\mathbf{p} \in \text{supp}(\mathbf{w})} M_\mathbf{w} M_\mathbf{a} \quad (\Leftarrow \text{式 (3.6) と 式 (3.5) より}) \\
&= \sharp(\text{supp}(\mathbf{w})) M_\mathbf{w} M_\mathbf{a}
\end{aligned}$$

したがって，アレイ $\Delta_\mathbf{w}(\mathbf{a}) = (d_{\mathbf{w}+\mathbf{p}}(\mathbf{a}))_{\mathbf{p} \in \mathbf{Z}^n}$ のすべての値が，正の定数 $\sharp(\text{supp}(\mathbf{w})) M_\mathbf{w} M_\mathbf{a}$ でおさえられることがわかり，$\Delta_\mathbf{w}(\mathbf{a}) \in \mathbf{A}^0$ であることが示された． □

命題3.5から $\Delta_\mathbf{w}$ を $\mathbf{A}^0$ に制限すると $\mathbf{A}^0$ から $\mathbf{A}^0$ への線形写像，すなわち $\mathbf{A}^0$ の線形変換を与えることがわかる．この写像を $\Delta_\mathbf{w}^0$ と書こう．その核 $Ker(\Delta_\mathbf{w}^0)$

---

* ϕ：空集合の記号

を計算すると

$$\begin{aligned}
Ker(\Delta_{\mathbf{w}}^0) &= \{\mathbf{a} \in \mathbf{A}^0;\ \Delta_{\mathbf{w}}(\mathbf{a}) = \mathbf{0}\} && (\Leftarrow \text{核の定義}) \\
&= \{\mathbf{a} \in \mathbf{A}^0;\ (d_{\mathbf{w}+\mathbf{p}}(\mathbf{a}))_{\mathbf{p} \in \mathbf{Z}^n} = \mathbf{0}\} && (\Leftarrow \Delta_{\mathbf{w}} \text{の定義}) \\
&= \{\mathbf{a} \in \mathbf{A}^0;\ d_{\mathbf{w}+\mathbf{p}}(\mathbf{a}) = 0 \quad (\mathbf{p} \in \mathbf{Z}^n)\} && (\Leftarrow \text{零アレイ } \mathbf{0} \text{ の定義}) \\
&= \mathbf{A}^0 \cap \mathbf{A}_{\mathbf{w}} && (\Leftarrow \mathbf{A}_{\mathbf{w}} \text{の定義}) \\
&= \mathbf{A}_{\mathbf{w}}^0 && (\Leftarrow \mathbf{A}_{\mathbf{w}}^0 \text{の定義})
\end{aligned}$$

となる（⇐「核」ということばの定義については，定義 III.9 参照）．

こう見てくると，なぜここまで $\Delta_{\mathbf{w}}^0$ にこだわるかという理由も明らかになってくる．たとえば，以前に「離散トモグラフィーとは，平行移動したウィンドウを通して見たときの値の和から，もとのアレイを知ることができるかという問題」と述べたが，これは

> 像 $Im(\Delta_{\mathbf{w}}^0)$ の点 $\mathbf{b}$ が与えられたとき，$\Delta_{\mathbf{w}}^0(\mathbf{a}) = \mathbf{b}$ となるような $\mathbf{a} \in \mathbf{A}^0$ を求める問題

というように，線形写像としての $\Delta_{\mathbf{w}}^0$ についての基本的な問題である，ということがわかる．したがって $\Delta_{\mathbf{w}}^0$ の核 $Ker(\Delta_{\mathbf{w}}^0)$ すなわち $\mathbf{A}_{\mathbf{w}}^0$ を知ることが不可欠となるのである．

注意 有界ではないアレイ，とくに「多項式オーダーのアレイ」についても本書で述べる理論を自然に一般化して取り扱うことができる．これについては参考文献 [4] で詳しく分析されている．

練習問題

3-1 1次元のウィンドウ w を次のように定める：

$$\mathbf{w}_i = \begin{cases} -1, & i = 0 \\ 1, & i = 1 \\ 0, & \text{それ以外の } i \end{cases}$$

(1) $\mathbf{A_w}$ を求めよ．

(2) アレイ $\mathbf{a}$ を $\mathbf{a}_i = i$ ($i \in \mathbf{Z}$) で定義するとき，$\Delta_\mathbf{w}(\mathbf{a})$ および $\Delta_\mathbf{w}^2(\mathbf{a})$ を求めよ．ここに「$\Delta_\mathbf{w}^2$」は「$\Delta_\mathbf{w} \circ \Delta_\mathbf{w}$」のこと，すなわち「$\Delta_\mathbf{w}$ を 2 回合成した写像」を意味する．

3-2 1次元のウィンドウ w を次のように定める：

$$\mathbf{w}_i = \begin{cases} 1, & i = 0 \\ -2, & i = 1 \\ 1, & i = 2 \\ 0, & \text{それ以外の } i \end{cases}$$

(1) $\mathbf{A_w}$ に属するアレイ $\mathbf{a}$ が $\mathbf{a}_0 = 1$, $\mathbf{a}_1 = 1$ をみたしているとき，$\mathbf{a}_i$ を求めよ（ただし i は正の整数）．

(2) $\mathbf{A_w}$ に属するアレイ $\mathbf{b}$ が $\mathbf{b}_0 = 0$, $\mathbf{b}_1 = 1$ をみたしているとき，$\mathbf{b}_i$ を求めよ（ただし i は正の整数）．

(3) $\mathbf{A_w}$ に属するアレイ $\mathbf{c}$ が $\mathbf{c}_0 = p$, $\mathbf{c}_1 = p + q$ をみたしているとき，$\mathbf{c}$ を (1) の $\mathbf{a}$ と (2) の $\mathbf{b}$ を用いて表せ．

(4) $\mathbf{A_w}$ の次元を求めよ．

第4章 離散トモグラフィーの基本定理

本章では，離散トモグラフィーの基本定理を定式化し，それを用いていくつかの具体例の分析を行うのが目標である．

4.1 トーラス

まず，絶対値が1の複素数の全体を $\mathbf{T}$ とおく：

$$\mathbf{T} = \{z \in \mathbf{C}; |z| = 1\}$$

そして，その n 個の直積を $\mathbf{T}^n$ と書き，n 次元トーラス (torus) とよぶ：

$$\mathbf{T}^n = \underbrace{\mathbf{T} \times \cdots \times \mathbf{T}}_{n}$$

したがって，$\mathbf{T}^n$ の元は n 個の絶対値1の複素数 $z_i \in \mathbf{C}$ $(1 \leq i \leq n)$ の組 $(z_1, \cdots, z_n)$ として表すことができる．さらに，n 変数の複素数係数のローラン多項式（⇐2.2 節参照）$f(z_1, \cdots, z_n)$ の $\mathbf{T}^n$ における零点全体の集合を $V_{\mathbf{T}^n}(f)$ で表す：

$$V_{\mathbf{T}^n}(f) = \{(z_1, \cdots, z_n) \in \mathbf{T}^n; f(z_1, \cdots, z_n) = 0\}$$

より一般に $\mathbf{T}^n$ の部分集合 X に対して

$$V_X(f) = \{(z_1, \cdots, z_n) \in X; f(z_1, \cdots, z_n) = 0\}$$

という記号も今後よく使うことになる．

4.2 基本定理の紹介

本章の表題にいう「離散トモグラフィーの基本定理」(同時に本書の主定理でもある) は，次のように簡潔な形で定式化される：

> **❖ 定理 4.1 ❖**
> $\mathbf{Z}^n$ の任意のウィンドウ $\mathbf{w}$ に対して
> $$\dim_{\mathbf{C}} \mathbf{A}_{\mathbf{w}}^0 = \sharp V_{\mathbf{T}^n}(m_{\mathbf{w}})$$

念のために付け加えるが，この左辺は線形空間 $\mathbf{A}_{\mathbf{w}}^0$ の次元を表し，右辺は零点集合 $V_{\mathbf{T}^n}(m_{\mathbf{w}})$ の元の個数を表す．したがって，もし $V_{\mathbf{T}^n}(m_{\mathbf{w}})$ が無限個の元を含むならば $\mathbf{A}_{\mathbf{w}}^0$ は無限次元である，ということも，この定理は主張している．本章では，この定理を使っていろいろなウィンドウの例で計算してみたい．

注意 1 定理を証明することが次章以降の目標である．そこでは「超関数」など数学の一見取り付きにくそうな対象を扱うことになるが，まずは本章で道具としての基本定理の威力を十分に味わっていただき，その切れ味は超関数の理論に自然に由来している，という本書の主題に踏み込んで行く動機付けとしたい．

> **例 4.1**
> 1次元のウィンドウ $\mathbf{w}^{domino}$ の場合．これは次のように定義されるウィンドウである：
> $$\mathbf{w}_i^{domino} = \begin{cases} 1, & i = 0, 1 \text{ のとき} \\ 0, & i \neq 0, 1 \text{ のとき} \end{cases}$$

注意 2 「ドミノ (domino)」という名前は，$\mathbf{w}^{domino}$ のサポートが $\{0, 1\} \in \mathbf{Z}$ であり，数直線上で 2 つの並んだ点からなることから付けた．

その特性多項式 $m_{\mathbf{w}^{domino}}$ は

$$m_{\mathbf{w}^{domino}} = \sum_{i \in \mathbf{Z}} \mathbf{w}_i^{domino} z_1^i = 1 + z_1$$

で与えられる．したがってその零点集合 $V_{\mathbf{T}}(m_{\mathbf{w}^{domino}})$ は

$$\begin{aligned} V_{\mathbf{T}}(m_{\mathbf{w}^{domino}}) &= \{z_1 \in \mathbf{T}; m_{\mathbf{w}^{domino}} = 0\} \\ &= \{z_1 \in \mathbf{T}; 1 + z_1 = 0\} \\ &= \{-1\} \end{aligned}$$

というように，1 点のみからなる集合である．よって定理によれば，$\mathbf{A}_{\mathbf{w}^{domino}}^0$ は 1 次元であることになる．

では具体的にどんなアレイが $\mathbf{A}_{\mathbf{w}^{domino}}^0$ に含まれるだろうか．それも $V_{\mathbf{T}}(m_{\mathbf{w}^{domino}})$ の情報から求めることができる．この場合，1 次元のアレイ $\mathbf{a} = (\mathbf{a}_i)_{i \in \mathbf{Z}}$ を次のように定義する：

$$\mathbf{a}_i = (-1)^i \qquad (i \in \mathbf{Z})$$

ただし，この「-1」は $V_{\mathbf{T}}(m_{\mathbf{w}^{domino}})$ の唯一の元であった「-1」である．これは図 4.1 のように 1 と -1 が交互に並んでいるアレイである．したがってどの隣り合った 2 つをとっても値の和は 0 である．言い換えれば，「ドミノ」形のウィンドウをどのように平行移動しても次数が 0 になっており，この $\mathbf{a}$ が $\mathbf{A}_{\mathbf{w}^{domino}}^0$ に属していることがわかる．一方 $\mathbf{A}_{\mathbf{w}^{domino}}^0$ は 1 次元であったから，この $\mathbf{a}$ が $\mathbf{A}_{\mathbf{w}^{domino}}^0$ の基底であり，$\mathbf{A}_{\mathbf{w}^{domino}}^0$ のすべての元が $\mathbf{a}$ の定数倍で表される，ということまでわかる：

$$\mathbf{A}_{\mathbf{w}^{domino}}^0 = \langle \mathbf{a} \rangle = \{c\mathbf{a}; c \in \mathbf{C}\}$$

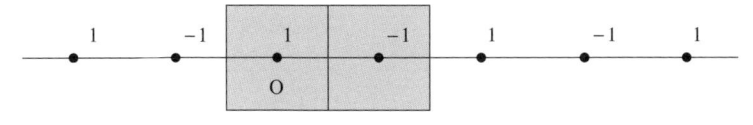

図 4.1 $A_{\mathbf{w}^{domino}}^0$ のアレイ

注意 3 上式の記号 $\langle \mathbf{a} \rangle$, あるいはより一般に $\langle \mathbf{a}_1, \cdots, \mathbf{a}_n \rangle$ という記号は

$$\langle \mathbf{a}_1, \cdots, \mathbf{a}_n \rangle = \{c_1\mathbf{a}_1 + \cdots + c_n\mathbf{a}_n; c_1, \cdots, c_n \in \mathbf{C}\}$$

と定義され，$\mathbf{a}_1, \cdots, \mathbf{a}_n$ で生成される部分空間，とよばれる．

例 4.2

2次元のウィンドウ $\mathbf{w}^{harmonic}$ の場合．これは次のように定義されるウィンドウである：

$$\mathbf{w}^{harmonic}_{(i,j)} = \begin{cases} 1, & (i,j) = (1,0), (0,1), (-1,0), (0,-1) \text{ のとき} \\ -4, & (i,j) = (0,0) \text{ のとき} \\ 0, & \text{上記以外の } (i,j) \end{cases}$$

図示すると図 4.2 のようになっている：

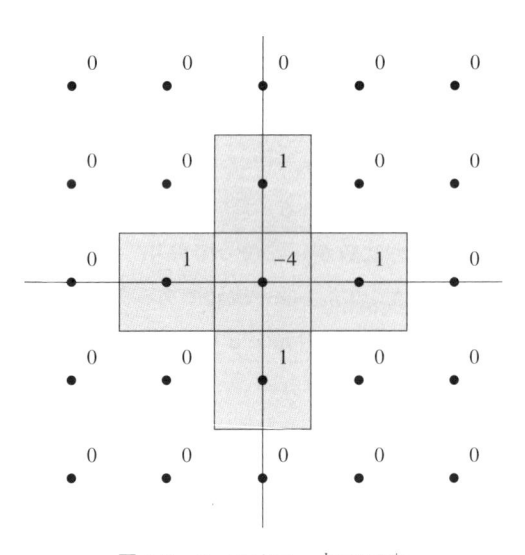

図 4.2 ウィンドウ $\mathbf{w}^{harmonic}$

ではこのウィンドウ $\mathbf{w}^{harmonic}$ に対して $\mathbf{A}^0_{\mathbf{w}^{harmonic}}$ はどのようなアレイから

なっているだろうか.

あるアレイ a が $\mathbf{A}^0_{\mathbf{w}^{harmonic}}$ に属しているとすると

$$d_{\mathbf{w}^{harmonic}+(p,q)}(\mathbf{a}) = 0 \tag{4.1}$$

がすべての $(p, q) \in \mathbf{Z}^2$ に対して成り立っている.この左辺は定義によって

$$\begin{aligned}d_{\mathbf{w}^{harmonic}+(p,q)}(\mathbf{a}) &= \sum_{(i,j)\in \mathbf{Z}^2}(\mathbf{w}^{harmonic}+(p,q))_{(i,j)}\mathbf{a}_{(i,j)} \\ &= \mathbf{a}_{(p+1,q)} + \mathbf{a}_{(p,q+1)} + \mathbf{a}_{(p-1,q)} + \mathbf{a}_{(p,q-1)} - 4\mathbf{a}_{(p,q)}\end{aligned}$$

と計算できる.したがって式 (4.1) は

$$\mathbf{a}_{(p+1,q)} + \mathbf{a}_{(p,q+1)} + \mathbf{a}_{(p-1,q)} + \mathbf{a}_{(p,q-1)} - 4\mathbf{a}_{(p,q)} = 0$$

すなわち

$$\mathbf{a}_{(p,q)} = \frac{1}{4}(\mathbf{a}_{(p+1,q)} + \mathbf{a}_{(p,q+1)} + \mathbf{a}_{(p-1,q)} + \mathbf{a}_{(p,q-1)})$$

がすべての $(p,q) \in \mathbf{Z}^2$ に対して成り立つ,という条件になる.言い換えれば

> アレイ a の任意の点での値はそのまわりの格子点での値の平均になる

ということである.この性質をもつ $\mathbf{Z}^2$ 上の関数を「2 変数の離散調和関数 (discrete harmonic function)」という.したがって $\mathbf{A}^0_{\mathbf{w}^{harmonic}}$ に属するアレイを求める問題は

> 有界な 2 変数離散調和関数を求める

という問題と同値であることがわかった.そして基本定理を用いると,たちどころに次の命題が証明できる:

> ❖ 命題 4.2 ❖
> 有界な 2 変数の離散調和関数は定数関数しかない.

証明

$\mathbf{A}^0_{\mathbf{w}^{harmonic}}$ に属するアレイは定数しかない，ということを示せばよい．とこ
ろが基本定理によれば

$$dim_{\mathbf{C}} \mathbf{A}^0_{\mathbf{w}^{harmonic}} = \sharp V_{\mathbf{T}^2}(m_{\mathbf{w}^{harmonic}})$$

であるから，右辺の $\sharp V_{\mathbf{T}^2}(m_{\mathbf{w}^{harmonic}})$ を考えてみよう．まず特性多項式 $m_{\mathbf{w}^{harmonic}}$ は

$$\begin{aligned}
m_{\mathbf{w}^{harmonic}} &= \sum_{(i,j)\in \mathbf{Z}^2} \mathbf{w}^{harmonic}_{(i,j)} z_1^i z_2^j \\
&= z_1^1 z_2^0 + z_1^0 z_2^1 + z_1^{-1} z_2^0 + z_1^0 z_2^{-1} - 4z_1^0 z_2^0 \\
&= z_1 + z_2 + \frac{1}{z_1} + \frac{1}{z_2} - 4
\end{aligned}$$

というように計算される．そしてこれが 0 になるような $(z_1, z_2) \in \mathbf{T}^2$ を求めるのだが，z_1, z_2 ともに絶対値が 1 だから，$\dfrac{1}{z_1}$, $\dfrac{1}{z_2}$ の絶対値も 1 であることに注意する．したがって，$m_{\mathbf{w}^{harmonic}} = 0$ ということは，絶対値が 1 の四つの複素数 z_1, z_2, $\dfrac{1}{z_1}$, $\dfrac{1}{z_1}$ を足すと 4 になるということであり，それはその四つすべてが 1 に等しいときしか起こりえない．よって解は $(z_1, z_2) = (1, 1)$ のみであり

$$V_{\mathbf{T}^2}(m_{\mathbf{w}^{harmonic}}) = \{(1, 1)\}$$

であることがわかる．したがって基本定理より

$$dim_{\mathbf{C}} \mathbf{A}^0_{\mathbf{w}^{harmonic}} = \sharp V_{\mathbf{T}^2}(m_{\mathbf{w}^{harmonic}}) = 1$$

である．しかもすべての点での値が 1 であるようなアレイ **1** は明らかに $\mathbf{A}^0_{\mathbf{w}^{harmonic}}$ に属している．したがって

$$\mathbf{A}^0_{\mathbf{w}^{harmonic}} = \langle \mathbf{1} \rangle_{\mathbf{C}}$$

であり，命題が証明された． □

注意 4 命題 4.2 は n 次元の場合にも自然に拡張され，有界な n 変数の離散調和関数は定数関数のみである，ということがいとも簡単に証明される．3 次元の場合については練習問題 4-1 参照．

例 4.3

第 2 章例 2.3 のウィンドウ $\mathbf{w}$ の場合．これは次のように定義されるウィンドウであった：

$$\mathbf{w}_{(i,j)} = \begin{cases} 1, & (i,j) = (0,0) \text{ のとき} \\ 2, & (i,j) = (1,0) \text{ のとき} \\ 3, & (i,j) = (0,1) \text{ のとき} \\ 0, & \text{上記以外の } (i,j) \end{cases}$$

その特性多項式 $m_{\mathbf{w}}$ は

$$m_{\mathbf{w}} = \sum_{(i,j) \in \mathbf{Z}^2} \mathbf{w}_{(i,j)} z_1^i z_2^j = 1 + 2z_1 + 3z_2$$

で与えられる．その零点集合 $V_{\mathbf{T}}(m_{\mathbf{w}})$ を求めたいのだが，次の事実が役に立つ：

$$z \in \mathbf{T} \text{ ならば } \bar{z} = \frac{1}{z} \tag{4.2}$$

($\Leftarrow z \in \mathbf{T}$ ならば $|z| = 1$, したがって $|z|^2 = z\bar{z} = 1$ だからである)．

そこで $(z_1, z_2) \in V_{\mathbf{T}}(m_{\mathbf{w}})$ とすると

$$1 + 2z_1 + 3z_2 = 0 \tag{4.3}$$

であるが，この両辺の複素共役を取って

$$\overline{1 + 2z_1 + 3z_2} = \bar{0}$$

となり，$z_1 \in \mathbf{T}$, $z_2 \in \mathbf{T}$ であることから，式 (4.2) を使えば

$$1 + \frac{2}{z_1} + \frac{3}{z_2} = 0 \tag{4.4}$$

という方程式が得られる．ここで「式 (4.3) + $z_1 \times$ 式 (4.4)」をつくると

$$3 + 3z_1 + 3z_2 + \frac{3z_1}{z_2} = 0$$

となり，左辺を因数分解して

$$3(1 + z_2)\left(1 + \frac{z_1}{z_2}\right) = 0$$

となる．したがって $z_2 = -1$ または $z_2 = -z_1$ である．このうち $z_2 = -1$ のときは式 (4.3) に代入して $z_1 = 1$ が得られ，$z_2 = -z_1$ のときはこれを式 (4.3) に代入してやはり $z_1 = 1$, $z_2 = -1$ となる．よって

$$V_{\mathbf{T}}(m_{\mathbf{w}}) = \{(1, -1)\}$$

であることがわかった．よって定理によれば，$\mathbf{A}_{\mathbf{w}}^0$ は 1 次元であることになる．しかも第 2 章の例 2.4 で見たように，アレイ $\mathbf{a}^0$ を

$$\mathbf{a}^0_{(i,j)} = \begin{cases} 1, & j \text{ が偶数} \\ -1, & j \text{ が奇数} \end{cases}$$

で定義すると $\Delta_{\mathbf{w}} \mathbf{a}^0 = \mathbf{0}$ が成り立つのであったから，この $\mathbf{a}^0$ は $\mathbf{A}_{\mathbf{w}}^0$ の元であり

$$\mathbf{A}_{\mathbf{w}}^0 = \langle \mathbf{a}^0 \rangle$$

であることがわかった．これで第 2 章の例 2.4 での約束が果たされた．

練習問題

4-1 3次元のウィンドウ $\mathbf{w}$ を次のように定める：

$$\mathbf{w}_{(i,j,k)} = \begin{cases} 1, & (i,j,k) = (\pm 1, 0, 0), (0, \pm 1, 0), (0, 0, \pm 1) \\ -6, & (i,j,k) = (0,0,0) \\ 1 & i = 2 \\ 0, & \text{それ以外の } i \end{cases}$$

(1) $\mathbf{w}$ の特性多項式 $m_\mathbf{w}$ を求めよ．

(2) $m_\mathbf{w} = 0$ の根をすべて求めよ．

(3) 定理 4.1 と問 (2) を利用して $\mathbf{A}_\mathbf{w}^0$ の次元と基底を求めよ．

4-2 第 3 章の練習問題 **3-2** のウィンドウ $\mathbf{w}$：

$$\mathbf{w}_i = \begin{cases} 1, & i = 0 \\ -2, & i = 1 \\ 1 & i = 2 \\ 0, & \text{それ以外の } i \end{cases}$$

に対して，定理 4.1 を利用して $\mathbf{A}_\mathbf{w}^0$ の次元と基底を求めよ．

第5章 トーラス T

第4章で導入したトーラス **T** の性質,そして **T** 上の関数とはどんなものか,ということを詳しく調べるのが本章の目標である.

5.1 T 上の関数

本書を通して重要な観点となるのは

> **T** 上の関数と,**R** 上の周期 2π をもつ関数とは自然に同一視される

という事実である.このことを詳しく見ていきたい.鍵となるのは $f(x) = \cos x + i\sin x$ で定義される **R** から **C** への写像である.これはオイラーの公式を用いると $f(x) = e^{ix}$ とも表されることに注意しよう.さらに

$$|e^{ix}| = |\cos x + i\sin x| = \sqrt{\cos^2 x + \sin^2 x} = \sqrt{1} = 1$$

がどんな実数 x についても成り立つことから,f の像 $f(\mathbf{R})$ は **T** に含まれている.つまり f は **R** から **T** への写像 $f: \mathbf{R} \to \mathbf{T}$ とみることができる.しかも **T** の任意の元はその偏角を x とすれば $\cos x + i\sin x$ と表されるから,f は全射であり,f の像 $f(\mathbf{R})$ は **T** に等しい:

$$f(\mathbf{R}) = \mathbf{T}$$

次に

> f によって同じ点に写されるのはどのような点か

という問題を考える．たとえば

$$f(0) = \cos 0 + i\sin 0 = 1 + i\cdot 0 = 1$$
$$f(2\pi) = \cos 2\pi + i\sin 2\pi = 1 + i\cdot 0 = 1$$

であるから，0 と 2π は f によって同じ点 $1\in \mathbf{T}$ に写される．では，f によって $1\in \mathbf{T}$ に写される点全体，すなわち f による $\{1\}\subset \mathbf{T}$ の逆像 $f^{-1}(\{1\})$ はどのような集合だろうか．これは次のようにして求められる：

$$\begin{aligned} f^{-1}(\{1\}) &= \{x\in \mathbf{R}; f(x)=1\} \quad (\Leftarrow \text{逆像の定義}) \\ &= \{x\in \mathbf{R}; \cos x + i\sin x = 1\} \quad (\Leftarrow f \text{の定義}) \\ &= \{x\in \mathbf{R}; \cos x = 1 \text{ かつ } \sin x = 0\} \quad (\Leftarrow \text{複素数の相等の定義}) \\ &= \{2\pi n\in \mathbf{R}; n\in \mathbf{Z}\} \quad (\Leftarrow \text{方程式を解いた}) \end{aligned}$$

一番右辺の「2π の整数倍の集合」を今後 $2\pi\mathbf{Z}$ で表す．すると今の計算で

$$f^{-1}(\{1\}) = 2\pi\mathbf{Z} \tag{5.1}$$

であることがわかった．さらに一般の点 $z\in \mathbf{T}$ の逆像を求めるためには，任意の $x_1, x_2 \in \mathbf{R}$ について

$$f(x_1 + x_2) = f(x_1)\cdot f(x_2) \tag{5.2}$$

が成り立つことを利用するとわかりやすい（$\Leftarrow$ 左辺の足し算は実数としての足し算であり，右辺の掛け算は複素数としての掛け算である）．式 (5.2) が成り立つ理由は

$$f(x_1 + x_2) = e^{i(x_1+x_2)} = e^{ix_1}\cdot e^{ix_2} \ (\Leftarrow \text{指数法則}) = f(x_1)\cdot f(x_2)$$

となるからである．また

$$f(-x) = f(x)^{-1} \tag{5.3}$$

が成り立つことにも注意しよう．これは式 (5.2) で $x_1 = x$, $x_2 = -x$ とおくと，左辺は $f(x-x) = f(0) = 1$，右辺は $f(x)\cdot f(-x)$ となり，これらが等しいのだから $f(-x) = \dfrac{1}{f(x)} = f(x)^{-1}$ となるからである．そこで実数 a, b に対して

$f(a) = f(b)$ が成り立つとすると

$$\begin{aligned}
f(a) = f(b) &\Leftrightarrow f(a) \cdot f(b)^{-1} = 1 \\
&\Leftrightarrow f(a) \cdot f(-b) = 1 \quad (\Leftarrow \text{式}\,(5.3)\,\text{より}) \\
&\Leftrightarrow f(a - b) = 1 \quad (\Leftarrow \text{式}\,(5.2)\,\text{より}) \\
&\Leftrightarrow a - b \in 2\pi\mathbf{Z} \quad (\Leftarrow \text{式}\,(5.1)\,\text{より})
\end{aligned}$$

となるから，次のことがわかった：

$$f(a) = f(b) \Leftrightarrow a \text{ と } b \text{ の差が } 2\pi \text{ の整数倍} \tag{5.4}$$

以上述べてきたことは，図 5.1 のようなイメージをもっておくと理解しやすい：

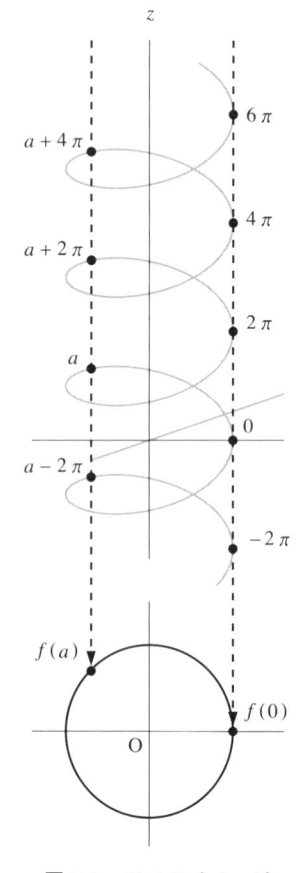

図 5.1　$f(x)$ のイメージ

実数直線を座標空間の円柱（中心が原点, 半径が 1）に等間隔に巻き付けたのが図の上半分であり, そこから複素平面内の単位円に z 軸方向から射影している, というイメージである. したがって「$f(0) = 1 \in \mathbf{T}$」の逆像の点

$$\cdots, -2\pi, 0, 2\pi, 4\pi, \cdots$$

がその真上に規則的に並んでおり, 一般に $a \in \mathbf{R}$ に対して「$f(a) \in \mathbf{T}$」の逆像の点

$$\cdots, a - 2\pi, a, a + 2\pi, a + 4\pi, \cdots$$

がやはりその真上に規則的に並んでいるのである.

5.2　可換図式

以上のことを, 図 5.2 を使ってもう少し詳しく説明しよう.

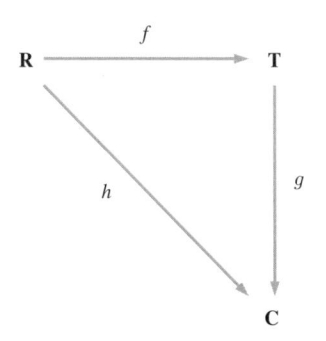

図 5.2　可換図式の一例

注意 1　このような可換図式には今後何度も出会うことになる. ぜひ今のうちに慣れておいてほしい.

可換図式とは,「ある始点からスタートして, 矢印にそってどのように進んでも終点での結果が等しい」ことを主張する. したがって図 5.2 の場合は

$$\mathbf{R} \text{ を出発して右の } \mathbf{T} \text{ に } f \text{ で進みそこから下の } \mathbf{C} \text{ に } g \text{ で進む} \qquad (5.5)$$

のと

$$\textbf{R を出発して右斜下の C に } h \text{ で進む} \tag{5.6}$$

ときの結果が等しいことを主張している．そこで左上の **R** の元 x をとり，(5.5) のように進むと，右上の **T** で $f(x)$ になり，それがさらに下の **C** に行って $g(f(x))$ になる．一方 (5.6) のように進むと，x は右下の **C** で $h(x)$ になる．したがって，この可換図式は

$$h(x) = g(f(x))$$

がすべての $x \in \mathbf{R}$ について成り立つ，ということを主張していることになる．言い換えれば

$$h = g \circ f$$

が成り立つ，ということである．

また，この可換図式を用いて

$$\textbf{T 上の複素数値関数 } g \text{ に，R 上の複素数値関数 } g \circ f \text{ を対応}$$

させることを考えよう．すなわち z を **T** 上を動く変数としたとき，$g(z)$ の z のところに $z = f(x) = e^{ix}$ を代入すると $(g \circ f)(x) = g(f(x)) = g(e^{ix})$ となり，これは実数を動く変数 x の関数となっている．しかも n が整数のとき

$$e^{i(x+2\pi n)} = e^{ix+2\pi in} = e^{ix} e^{2\pi in} = e^{ix}$$

が成り立つから，関数 $g \circ f$ は **R** 上の周期 2π をもつ周期関数となることがわかる．そしてこの対応によって

$$\textbf{T 上の関数と，R 上の周期 } 2\pi \textbf{ をもつ周期関数を同一視する} \tag{5.7}$$

のである（⇐ 練習問題 5-1 参照）．そうすれば

$$\textbf{T 上の関数が連続（微分可能，無限回微分可能，など）}$$

であることを，対応する

> **R 上の $g \circ f$ が連続（微分可能，無限回微分可能，など）**

であることとして自然に定義することができる．たとえば $\sin x$, $\cos x$, e^{ix} などは R 上の周期 2π をもつ周期関数であるから T 上の関数とみなすことができ，しかも無限回微分可能な関数である．そして T 上の無限回微分可能な関数全体の集合を $C^\infty(\mathbf{T})$ と表す．

この $C^\infty(\mathbf{T})$ が C 上の線形空間であることをみるのは，次のように簡単である．まず R 上の周期 2π をもつ周期関数を定数倍しても，あるいはそのような 2 つの関数を加えてもまた同じく周期 2π をもつ周期関数となることに注意しよう．さらに，無限回微分可能な関数を定数倍しても，あるいはそのような 2 つの関数を加えてもまた同じく無限回部分可能な関数となるから，$C^\infty(\mathbf{T})$ は C 上の線形空間になるのである．

注意 2 上の (5.7) で述べた同一視は今後何度も行うことになるが，どちらの立場で関数をみているかをはっきりさせるために，以下では「変数が z のときは T 上の関数，変数が x のときは f を合成して R 上の関数とみる」という流儀を通していくこととする．

5.3　$C^\infty(\mathbf{T})$ の位相

関数の集合 $C^\infty(\mathbf{T})$ は，超関数を定義するのに基本的な役割を果たすことになる．その際 $C^\infty(\mathbf{T})$ に位相を導入しておくこと，すなわち収束の概念を定義しておくことが必要であり，いくつかの記号とともにそれを説明していく．

まず T 上の連続関数 g に対して，その「ノルム (norm) $\|g\|$」を

$$\|g\| = \max_{z \in \mathbf{T}} |g(z)| \tag{5.8}$$

で定義する．ここで，5.2 節で述べたように，g に対応する関数 $g \circ f$ は R 上の周期 2π をもつ連続関数であり，したがって閉区間 $[0, 2\pi]$ 上で最大値を取る．その

値を $\|g\|$ と定義するのである．次に $C^\infty(\mathbf{T})$ の元 g に対して

$$D^p g = \frac{d^p(g \circ f)}{dx^p} \quad (p = 1, 2, 3, \cdots)$$

とおく．すなわち g を f と合成して $\mathbf{R}$ 上の関数とみなして普通に x で p 回微分した関数のことである．また $p = 0$ のときも

$$D^0 g = g$$

と定義しておく．つまり「0 回微分する = 1 回も微分しない = もとのまま」と考えるのである．

これでいよいよ収束の定義ができる．

> ❖ **定義 5.1** ❖
> 関数列 $u_k \in C^\infty(\mathbf{T})$ $(k = 0, 1, 2, \cdots)$ が関数 $u \in C^\infty(\mathbf{T})$ に収束するとは，すべての $p \geq 0$ に対して $\lim_{k \to \infty} \|D^p u_k - D^p u\| = 0$ が成り立つことをいう．このとき $\lim_{k \to \infty} u_k = u$ と書く．

> **例 5.1**
> $u_k(x) = \dfrac{1}{k+1} \sin x$ $(k = 0, 1, 2, \cdots)$ で定義される関数列 $\{u_k\}$ は定数関数 $u \equiv 0$ に収束する．

解答

u_k を x で微分すると

$$\begin{aligned} Du_k &= \frac{1}{k+1} \cos x \\ D^2 u_k &= -\frac{1}{k+1} \sin x \\ D^3 u_k &= -\frac{1}{k+1} \cos x \\ D^4 u_k &= \frac{1}{k+1} \sin x \end{aligned}$$

というように 4 回ごとにもとにもどる．したがって

であることがわかる．よって

$$
\begin{aligned}
\|D^p u_k - D^p u\| &= \|D^p u_k\| \qquad (\Leftarrow u \equiv 0 \text{ だから}) \\
&= \max_{z \in \mathbf{T}} |D^p u_k| \quad (\Leftarrow \text{ノルムの定義}) \\
&= \begin{cases} \displaystyle\max_{x \in \mathbf{R}} \left|\frac{1}{k+1} \cos x\right|, & (p \text{ が奇数のとき}) \\ \displaystyle\max_{x \in \mathbf{R}} \left|\frac{1}{k+1} \sin x\right|, & (p \text{ が偶数のとき}) \end{cases} \\
&= \frac{1}{k+1} \qquad (\Leftarrow |\cos x|, |\sin x| \text{ の最大値は } 1)
\end{aligned}
$$

であり，極限を取ると

$$\lim_{k \to \infty} \|D^p u_k - D^p u\| = \lim_{k \to \infty} \frac{1}{k+1} = 0$$

となる．したがって $\{u_k\}$ は定数関数 $u \equiv 0$ に収束する． □

注意 3　上の例の関数のグラフは図 5.3 のようになっている：

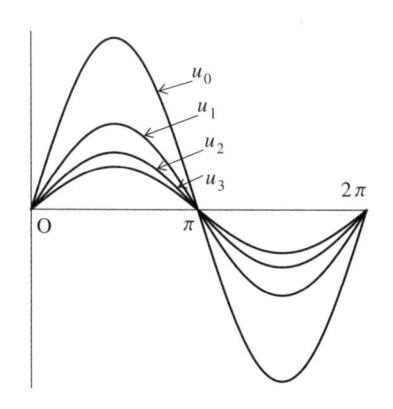

図 5.3　関数列 $\{u_k\}$ の収束

u_k のグラフがだんだんと一様に x 軸に近づいていくようすが見て取れる．

練習問題

5-1 h が $\mathbf{R}$ 上の複素数値関数でしかも周期 2π をもつならば，$\mathbf{T}$ 上の複素数値関数 g であって $g \circ f = h$ となるものが存在することを証明せよ．ただし f は本文と同様に $f(x) = e^{ix}$ で定義される $\mathbf{R}$ から $\mathbf{T}$ への写像である．

5-2 オイラーの公式 $e^{ix} = \cos x + i \sin x$ を用いて次の 2 つの命題 (1) と (2) が同値であることを証明せよ．
(1) 指数法則 $e^{i(\alpha+\beta)} = e^{i\alpha} \cdot e^{i\beta}$ が成り立つ．
(2) sin と cos の加法定理

$$\sin(\alpha+\beta) = \sin\alpha\cos\beta + \cos\alpha\sin\beta$$
$$\cos(\alpha+\beta) = \cos\alpha\cos\beta - \sin\alpha\sin\beta$$

が成り立つ．

第6章 超関数

いよいよ「超関数」を導入する準備が整った．普通の関数との関連にも注意しながら，徐々に超関数に慣れていくのが本章の目標である．

6.1 超関数の定義

第 5 章で関数空間 $C^\infty(\mathbf{T})$ に位相を導入した．これを利用して「超関数 (distribution)」が次のように定義される：

> ❖ 定義 6.1 ❖
> 関数空間 $C^\infty(\mathbf{T})$ から $\mathbf{C}$ への連続な線形写像を $\mathbf{T}$ 上の超関数という．そして $\mathbf{T}$ 上の超関数全体の集合を $\mathbf{D}(\mathbf{T})$ と表す．

この定義をもう少しかみくだいていうと次のようになる：

> $C^\infty(\mathbf{T})$ から $\mathbf{C}$ への写像 F が超関数であるのは次の 3 条件をみたすときである：
>
> (D.1) 任意の $u, v \in C^\infty(\mathbf{T})$ に対して
> $$F(u+v) = F(u) + F(v)$$
> (D.2) 任意の $u \in C^\infty(\mathbf{T})$ と任意の $c \in \mathbf{C}$ に対して
> $$F(cu) = cF(u)$$
> (D.3) $C^\infty(\mathbf{T})$ の任意の関数列 $\{u_k\}$ $(k = 0, 1, 2, \cdots)$ に対して
> $$\lim_{k\to\infty} u_k = u \text{ ならば } \lim_{k\to\infty} F(u_k) = F(u)$$

この 3 条件のうち，条件 1) と 2) が線形写像であることを表し，条件 3) が連続

写像であることを表している．超関数の例は 6.2 節で見ていくとして，ここでは $\mathbf{D}(\mathbf{T})$ には自然に「和」と「定数倍」が定義できて，$\mathbf{D}(\mathbf{T})$ が $\mathbf{C}$ 上の線形空間になることを注意しておきたい．それらの定義は次のようになる：

$F, G \in \mathbf{D}(\mathbf{T})$ に対し，その和 $F + G$ は

$$(F + G)(u) = F(u) + G(u) \qquad (u \in C^\infty(\mathbf{T})) \tag{6.1}$$

$F \in \mathbf{D}(\mathbf{T}), c \in \mathbf{C}$ に対し，その定数倍 cF は

$$(cF)(u) = c \cdot F(u) \qquad (u \in C^\infty(\mathbf{T})) \tag{6.2}$$

どちらも，普通の関数の和や定数倍の定義と全く同様であることに気がつけば，式 (6.1)，式 (6.2) で定義された $F + G$ や cF が定義 6.1 の意味で超関数になっていることを示すのは容易である．普通の連続関数の和や定数倍が連続関数であることと同様に証明すればよいからである．

6.2　超関数の例 I

本節では $\mathbf{T}$ 上の普通の関数が超関数の一種とみなせることを見ていく．まず任意の $f \in C^\infty(\mathbf{T})$ に対して

$$F_f(u) = \frac{1}{2\pi} \int_0^{2\pi} f(x) u(x) dx \qquad (u \in C^\infty(\mathbf{T})) \tag{6.3}$$

と定義する．この F_f は $C^\infty(\mathbf{T})$ の元 u に，複素数 $F_f(u)$ を対応させる写像となっている．これが超関数の 3 条件 (D.1), (D.2), (D.3) をすべてみたすということを順に示していく．まず (D.1) については，任意の $u, v \in C^\infty(\mathbf{T})$ に対して

$$\begin{aligned} F_f(u + v) &= \frac{1}{2\pi} \int_0^{2\pi} f(x)((u(x) + v(x)) dx \quad (\Leftarrow F_f \text{の定義式 (6.3)}) \\ &= \frac{1}{2\pi} \int_0^{2\pi} (f(x)u(x) + f(x)v(x)) dx \quad (\Leftarrow \text{分配法則}) \end{aligned}$$

$$= \frac{1}{2\pi}\int_0^{2\pi} f(x)u(x)dx$$
$$+ \frac{1}{2\pi}\int_0^{2\pi} f(x)v(x)dx \quad (\Leftarrow 積分の線形性)$$
$$= F_f(u) + F_f(v) \quad (\Leftarrow F_f の定義式 (6.3))$$

となるから成り立っている．また (D.2) については，任意の $u \in C^\infty(\mathbf{T})$ と定数 $c \in \mathbf{C}$ に対して

$$F_f(cu) = \frac{1}{2\pi}\int_0^{2\pi} f(x)(cu(x))dx \quad (\Leftarrow F_f の定義式 (6.3))$$
$$= c \cdot \frac{1}{2\pi}\int_0^{2\pi} f(x)u(x)dx \quad (\Leftarrow 積分の線形性)$$
$$= cF_f(u) \quad (\Leftarrow F_f の定義式 (6.3))$$

となって成り立っている．(D.3) については次の補題を使う：

❖ 補題 6.2 ❖

ある正の定数 C が存在して，任意の $v \in C^\infty(\mathbf{T})$ に対して

$$|F_f(v)| \leq C\|v\|$$

が成り立つ．実際は $C = \frac{1}{2\pi}\int_0^{2\pi}|f(x)|dx$ としてこの不等式が成り立つ．

証明

次のように基本的な事項だけで示すことができる：

$$|F_f(v)| = |\frac{1}{2\pi}\int_0^{2\pi} f(x)v(x)dx| \quad (\Leftarrow F_f の定義式 (6.3))$$
$$\leq \frac{1}{2\pi}\int_0^{2\pi} |f(x)v(x)|dx \quad (\Leftarrow 積分の性質)$$
$$= \frac{1}{2\pi}\int_0^{2\pi} |f(x)||v(x)|dx \quad (\Leftarrow 絶対値の性質)$$
$$\leq \frac{1}{2\pi}\int_0^{2\pi} |f(x)|\|v\|dx \quad (\Leftarrow 定義よりつねに |v(x)| \leq \|v\|)$$

$$\begin{aligned} &= \|v\| \frac{1}{2\pi} \int_0^{2\pi} |f(x)| dx \qquad (\Leftarrow 積分の線形性) \\ &= C\|v\| \end{aligned}$$

これで補題が証明された. □

この補題から F_f の連続性 (D.3) を次のようにして示すことができる：

$$\begin{aligned} |F_f(u_k) - F_f(u)| &= |F_f(u_k - u)| \quad (\Leftarrow F_f の線形性) \\ &\leq C\|u_k - u\| \quad (\Leftarrow 補題 6.2 より) \\ &\to 0 \quad (k \to \infty) \end{aligned}$$

この最後のステップの根拠は，(D.3) の仮定より $\{u_k\}$ が u に ($C^\infty(\mathbf{T})$ で) 収束しており，したがって定義 5.1 の $p = 0$ の場合から $\|u_k - u\|$ が 0 に収束するからである．以上から F_f が (D.1), (D.2), (D.3) をみたすことがわかり，次の命題を得た：

❖ **命題 6.3** ❖

任意の $f \in C^\infty(\mathbf{T})$ に対して

$$F_f(u) = \frac{1}{2\pi} \int_0^{2\pi} f(x)u(x)dx \qquad (u \in C^\infty(\mathbf{T}))$$

で定義される F_f は超関数である．

言い換えれば，$f \in C^\infty(\mathbf{T})$ に $F_f \in \mathbf{D}(\mathbf{T})$ を対応させる写像ができたことになる．この写像を $\Phi \colon C^\infty(\mathbf{T}) \to \mathbf{D}(\mathbf{T})$ と表そう：

$$\Phi(f) = F_f \tag{6.4}$$

この写像によって，普通の C^∞ 関数を超関数とみなしたいのだが，そのためには次のことをチェックしておく必要がある：

❖ **命題 6.4** ❖

1) Φ は線形写像である．
2) Φ は単射である．

証明

■ **1) について**

次の2つのことを示せばよい.

> 【1.1】 任意の $f, g \in C^\infty(\mathbf{T})$ に対して $\Phi(f+g) = \Phi(f) + \Phi(g)$ が成り立つ.
>
> 【1.2】 任意の $f \in C^\infty(\mathbf{T})$, $c \in \mathbf{C}$ に対して $\Phi(cf) = c\Phi(f)$ が成り立つ.

□ **【1.1】について**

まず等式「$\Phi(f+g) = \Phi(f) + \Phi(g)$」の意味を確認しておこう. 両辺とも超関数であるから, それらが等しいというのは, 任意の $u \in C^\infty(\mathbf{T})$ に対して

$$\Phi(f+g)(u) = (\Phi(f) + \Phi(g))(u) \tag{6.5}$$

が成り立つという意味である. この左辺を計算していくと

$$
\begin{aligned}
&\Phi(f+g)(u) \\
=\ & F_{f+g}(u) & (\Leftarrow \Phi \text{の定義式 (6.4)}) \\
=\ & \frac{1}{2\pi}\int_0^{2\pi} (f+g)(x)u(x)dx & (\Leftarrow F_{f+g}\text{の定義式 (6.3)}) \\
=\ & \frac{1}{2\pi}\int_0^{2\pi} (f(x)+g(x))u(x)dx & (\Leftarrow \text{普通の関数の和の定義}) \\
=\ & \frac{1}{2\pi}\int_0^{2\pi} (f(x)u(x)+g(x)u(x))dx & (\Leftarrow \text{分配法則}) \\
=\ & \frac{1}{2\pi}\int_0^{2\pi} f(x)u(x)dx + \frac{1}{2\pi}\int_0^{2\pi} g(x)u(x)dx & (\Leftarrow \text{積分の線形性}) \\
=\ & F_f(u) + F_g(u) & (\Leftarrow F_f, F_g\text{の定義式 (6.3)}) \\
=\ & \Phi(f)(u) + \Phi(g)(u) & (\Leftarrow \Phi \text{の定義式 (6.4)}) \\
=\ & (\Phi(f) + \Phi(g))(u) & (\Leftarrow \text{超関数の和の定義式 (6.1)})
\end{aligned}
$$

となって右辺と等しくなり, 【1.1】が示された.

54　第 6 章　超関数

注意 1　【1.1】の証明，そして次に出てくる【1.2】の証明のどのステップをとっても，あたりまえのことをくだくだいっているようにみえるが，いろいろな記号や定義がどのように使われているのか，ということをしっかり確認していく訓練でもある．簡単だと思って飛ばすといずれ訳がわからなくなるのも数学ではよくあることであり，最初のうちはじっくり一歩一歩進んでいくのが大事である．

◻ 【1.2】について

【1.1】と同様に，ここの等式は，任意の $u \in C^\infty(\mathbf{T})$ に対して

$$\Phi(cf)(u) = (c\Phi(f))(u) \tag{6.6}$$

が成り立つという意味である．この左辺を計算していくと

$$\begin{aligned}
&\Phi(cf)(u) \\
=\ & F_{cf}(u) & (\Leftarrow \Phi \text{の定義式 } (6.4)) \\
=\ & \frac{1}{2\pi}\int_0^{2\pi}(cf)(x)u(x)dx & (\Leftarrow F_{cf} \text{の定義式 } (6.3)) \\
=\ & \frac{1}{2\pi}\int_0^{2\pi}(cf(x))u(x)dx & (\Leftarrow \text{普通の関数の定数倍の定義}) \\
=\ & c\frac{1}{2\pi}\int_0^{2\pi}f(x)u(x)dx & (\Leftarrow \text{積分の線形性}) \\
=\ & c(F_f(u)) & (\Leftarrow F_f \text{の定義式 } (6.3)) \\
=\ & c(\Phi(f)(u)) & (\Leftarrow \Phi \text{の定義式 } (6.4)) \\
=\ & (c\Phi(f))(u) & (\Leftarrow \text{超関数の定数倍の定義式 } (6.2))
\end{aligned}$$

となって式 (6.6) の右辺と等しくなり，【1.2】が示され，【1.1】と合わせて Φ が線形写像であることが示された．

◻ 2) について

命題 6.4 の 1) で Φ が線形写像であることを示したから，Φ が単射であることを示すためには

$$\Phi(f) = 0 \text{ ならば } f = 0 \tag{6.7}$$

であることをいえばよい（⇐ 練習問題 6-1 参照）．ここで「$\Phi(f) = 0$」とは，超関数として 0，すなわち任意の $u \in C^\infty(\mathbf{T})$ に対して $\Phi(f)(u) = 0$ が成り立つ，ということを意味することに注意しよう．そこで式 (6.7) の対偶を取って，

$f \neq 0$ ならば，$\Phi(f)(u) \neq 0$ であるような $u \in C^\infty(\mathbf{T})$ が存在する

ということを示そう．定義によって

$$\Phi(f)(u) = F_f(u) = \frac{1}{2\pi}\int_0^{2\pi} f(x)u(x)dx$$

であるから

$f \neq 0$ ならば，$\dfrac{1}{2\pi}\displaystyle\int_0^{2\pi} f(x)u(x)dx \neq 0$ であるような $u \in C^\infty(\mathbf{T})$ が存在する

ということを示すことになる．まず，$f \neq 0$ という仮定より，$f(a) \neq 0$ となるような $a \in [0, 2\pi)$ が存在する．そこで f を実部と虚部に分けて $f = f_{re} + if_{im}$ とおこう．すると $f(a) \neq 0$ ということから $f_{re}(a) \neq 0$ または $f_{im}(a) \neq 0$ である．以下 $f_{re}(a) \neq 0$ の場合を考える．（$f_{im}(a) \neq 0$ の場合も全く同様に議論できる．）さらに $f_{re}(a) > 0$ としてよい（⇐ $-f$ を考えればよいからである）．このとき f の連続性，したがって f_{re} の連続性により，すべての $x \in [a-\epsilon, a+\epsilon]$ に対して $f_{re}(x) > 0$ となるような正の定数 ϵ が存在することに注意しよう．そこで次の条件をみたすような $u \in C^\infty(\mathbf{T})$ を考える：

$x \in [a-\epsilon, a+\epsilon]$ のとき $u(x) > 0$
$x \notin [a-\epsilon, a+\epsilon]$ のとき $u(x) = 0$

このような $u \in C^\infty(\mathbf{T})$ が存在することはよく知られている（⇐ 補説第 II 章命題 II.25(3) 参照）．すると

$$\frac{1}{2\pi}\int_0^{2\pi} f_{re}(x)u(x)dx = \frac{1}{2\pi}\int_{a-\epsilon}^{a+\epsilon} f_{re}(x)u(x)dx$$

（⇐ u は区間 $[a-\epsilon, a+\epsilon]$ の外では 0 だから）

> 0

（⇐ f_{re}, u ともに区間 $(a-\epsilon, a+\epsilon)$ で正だから）

であることがわかる．よって

$$\frac{1}{2\pi}\int_0^{2\pi} f(x)u(x)dx = \frac{1}{2\pi}\int_0^{2\pi} f_{re}(x)u(x)dx + i\frac{1}{2\pi}\int_0^{2\pi} f_{im}(x)u(x)dx$$
$$\neq 0 \quad (\Leftarrow \text{実部が}0\text{でないから})$$

となって式 (6.7) の対偶が示され，したがって 2) も証明された． □

この命題によって，関数空間 $C^\infty(\mathbf{T})$ を，単射線形写像 $\Phi: C^\infty(\mathbf{T}) \to \mathbf{D}(\mathbf{T})$ を通して超関数の空間 $\mathbf{D}(\mathbf{T})$ の部分空間とみなすことができるのである．

6.3　超関数の例 II：デルタ関数

与えられた $a \in \mathbf{T}$ に対し，「a におけるデルタ関数 (delta function)δ_a」を，$u \in C^\infty(\mathbf{T})$ に a での値 $u(a) \in \mathbf{C}$ を対応させる写像として定義する：

$$\delta_a(u) = u(a) \tag{6.8}$$

また実数 α に対して「α におけるデルタ関数 $\delta_{x=\alpha}$」を

$$\delta_{x=\alpha}(u) = u(e^{i\alpha}) \tag{6.9}$$

で定義する．したがって

$$\delta_{x=\alpha} = \delta_{e^{i\alpha}} \tag{6.10}$$

という関係が成り立っている．

注意 2　一見式 (6.8) と式 (6.9) で 2 通りのデルタがあって混乱しそうだが，後にデルタ関数の微分やフーリエ変換が活躍し始めたときに，このような記号が「実数を変数として見ているのか，複素数を変数として見ているのか」という立場を明確にしてくれることになる．

❖ 命題 6.5 ❖

任意の $a \in \mathbf{T}$ に対し，δ_a は $C^\infty(\mathbf{T})$ から $\mathbf{C}$ への連続な線形写像である．したがって $\mathbf{T}$ 上の超関数である．

証明

線形性：$u, v \in C^\infty(\mathbf{T})$ に対して

$$\begin{aligned}
\delta_a(u+v) &= (u+v)(a) & (\Leftarrow \delta_a \text{の定義式 (6.8)}) \\
&= u(a) + v(a) & (\Leftarrow \text{普通の関数の和の定義}) \\
&= \delta_a(u) + \delta_a(v) & (\Leftarrow \delta_a \text{の定義式 (6.8)})
\end{aligned}$$

また，$u \in C^\infty(\mathbf{T})$ と $c \in \mathbf{C}$ に対して

$$\begin{aligned}
\delta_a(cu) &= (cu)(a) & (\Leftarrow \delta_a \text{の定義式 (6.8)}) \\
&= c \cdot u(a) & (\Leftarrow \text{普通の関数の定数倍の定義}) \\
&= c\delta_a(u) & (\Leftarrow \delta_a \text{の定義式 (6.8)})
\end{aligned}$$

となるからである．

連続性：問題は $C^\infty(\mathbf{T})$ の関数列 $\{u_k\}$ と $u \in C^\infty(\mathbf{T})$ に対して

$$\lim_{k \to \infty} u_k = u \text{ ならば } \lim_{k \to \infty} \delta_a(u_k) = \delta_a(u) \tag{6.11}$$

ということが成り立つかどうかである（ここで最初の「lim」は $C^\infty(\mathbf{T})$ での極限，あとの「lim」は複素数列の極限である）．まず $C^\infty(\mathbf{T})$ における収束の定義より

$$\|u_k - u\| \to 0 \quad (k \to \infty)$$

が成り立っている．ところが

$$\|u_k - u\| = \max_{z \in \mathbf{T}} |u_k(z) - u(z)| \geq |u_k(a) - u(a)|$$

であるから，はさみうちの原理によって

$$|u_k(a) - u(a)| \to 0 \quad (k \to \infty)$$

が成り立つ．しかし，この左辺は定義によって $|\delta_a(u_k) - \delta_a(u)|$ に等しいから

$$|\delta_a(u_k) - \delta_a(u)| \to 0 \quad (k \to \infty)$$

したがって

$$\delta_a(u_k) \to \delta_a(u) \quad (k \to \infty)$$

であることがわかり式 (6.9) が示された． □

注意 3 デルタ関数は普通の関数<u>ではない</u>．より正確にいうと，デルタ関数は $\Phi : C^\infty(\mathbf{T}) \to \mathbf{D}(\mathbf{T})$ の像には入っていない．この事実は後にフーリエ変換を用いて証明される．

なお，デルタ関数は離散トモグラフィーの理論においてもっとも重要な役割を果たすことになる．

練習問題

6-1 線形空間 V, W とその間の線形写像 $\varphi : V \to W$ に対して，φ が単射であることと「$\varphi(v) = 0$ ならば $v = 0$ が成り立つ」こととは同値であることを示せ．

6-2 与えられた $a \in \mathbf{T}$ に対し，$u \in C^\infty(\mathbf{T})$ に a での微分係数 $u'(a) \in \mathbf{C}$ を対応させる写像を D_a と定義する：

$$D_a(u) \;=\; u'(a)$$

このとき D_a は超関数であることを示せ．

第7章 超関数の演算

超関数に普通の関数を掛けることと，超関数の微分を定義することが本章の目標である．

7.1 関数倍

$F \in \mathbf{D}(\mathbf{T})$ と $u \in C^\infty(\mathbf{T})$ に対し「F の u 倍」uF を次のように定義する：

> ❖ 定義 7.1 ❖
>
> 任意の $v \in C^\infty(\mathbf{T})$ に対して
>
> $$(uF)(v) = F(uv) \tag{7.1}$$

注意 1 右辺の「uv」は C^∞ 関数の積であってまた C^∞ 関数であり，したがって超関数 F の uv での値 $F(uv)$ が定義できるのである．

まずは，定義 7.1 で定義した uF が確かに超関数であること，すなわち連続な線形写像であることを確認しておく必要がある．そのためには 6.1 節の条件 (D.1), (D.2), (D.3) を uF についてチェックしなければならない．

(D.1) 任意の $v_1, v_2 \in C^\infty(\mathbf{T})$ に対して

$$(uF)(v_1 + v_2) = (uF)(v_1) + (uF)(v_2)$$

左辺を計算していくと

$$
\begin{align*}
(uF)(v_1+v_2) &= F(u(v_1+v_2)) && (\Leftarrow \text{関数倍の定義式 (7.1)}) \\
&= F(uv_1+uv_2) && (\Leftarrow \text{分配法則}) \\
&= F(uv_1)+F(uv_2) && (\Leftarrow F \text{の線形性}) \\
&= (uF)(v_1)+(uF)(v_2) && (\Leftarrow \text{関数倍の定義式 (7.1)})
\end{align*}
$$

というように右辺と等しくなり確かに成り立つ．

(D.2) 任意の $v \in C^\infty(\mathbf{T})$ と任意の $c \in \mathbf{C}$ に対して

$$(uF)(cv) = c(uF)(v)$$

左辺を計算していくと

$$
\begin{align*}
(uF)(cv) &= F(u(cv)) && (\Leftarrow \text{関数倍の定義式 (7.1)}) \\
&= F(cuv) && (\Leftarrow \text{積の交換法則}) \\
&= cF(uv) && (\Leftarrow F \text{の線形性}) \\
&= c(uF)(v) && (\Leftarrow \text{関数倍の定義式 (7.1)})
\end{align*}
$$

というように右辺と等しくなりこれも成り立つ．

(D.3) $C^\infty(\mathbf{T})$ において $v_k \to v\ (k \to \infty)$ ならば，$\mathbf{C}$ において $(uF)(v_k) \to (uF)(v)\ (k \to \infty)$．

これは次のように示される．まず関数倍の定義によって $(uF)(v_k) = F(uv_k)$ である．ここで $v_k \to v\ (k \to \infty)$ という仮定から $uv_k \to uv\ (k \to \infty)$ であることが導かれる（$\Leftarrow$ 練習問題 7-1 参照）．したがって F の連続性によって $F(uv_k) \to F(uv)\ (k \to \infty)$ であり，すなわち $(uF)(v_k) \to (uF)(v)\ (k \to \infty)$ が成り立つのである．

以上で uF が確かに超関数になっていることが確認できた．

ここで，第6章で導入した普通の関数 f を超関数 F_f とみなす写像 $\Phi: C^\infty(\mathbf{T}) \to \mathbf{D}(\mathbf{T})$ との関連を見ておきたい．詳しくいうと，$f \in C^\infty(\mathbf{T})$ に u を掛けてから

超関数とみなすのと，f を超関数とみなしてから u 倍することとが対応しているか，ということである．すなわち等式

$$uF_f = F_{uf} \tag{7.2}$$

が成り立つかどうか，という問題である．以下これをチェックしていこう．

まず式 (7.2) は超関数同士の等式だから，その意味は

任意の $v \in C^\infty(\mathbf{T})$ に対して $(uF_f)(v) = F_{uf}(v)$ が成り立つ

ということである．この左辺を計算していくと

$$\begin{aligned}
(uF_f)(v) &= F_f(uv) & (\Leftarrow 関数倍の定義 7.1) \\
&= \frac{1}{2\pi}\int_0^{2\pi} f(x)(u(x)v(x))dx & (\Leftarrow F_f の定義式 (6.3)) \\
&= \frac{1}{2\pi}\int_0^{2\pi} u(x)f(x)v(x)dx & (\Leftarrow 交換法則) \\
&= F_{uf}(v) & (\Leftarrow F_{uf} の定義式 (6.3))
\end{aligned}$$

というように右辺と等しくなり，等式 (7.2) が確認できた．

さらに，等式 (7.2) は次の図式（図 7.1）が可換である，という主張として表現できることも注意しておきたい．

$$\begin{array}{ccc}
C^\infty(\mathbf{T}) & \xrightarrow{\Phi} & \mathbf{D}(\mathbf{T}) \\
{\scriptstyle m_u}\downarrow & & \downarrow{\scriptstyle m_u} \\
C^\infty(\mathbf{T}) & \xrightarrow{\Phi} & \mathbf{D}(\mathbf{T})
\end{array}$$

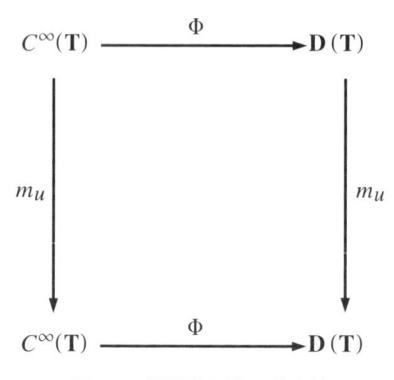

図 7.1 関数倍写像の整合性

ここで，u 倍するという写像を「m_u」で表した．そこで左上の空間の任意の元 $f \in C^\infty(\mathbf{T})$ からスタートして右に行くと超関数 $\Phi(f) = F_f$ となり，さらに下に

行くとそれが超関数として u 倍されて uF_f になる．一方今度は f からまず下に行くと f が関数として u 倍されて uf になり，さらに右に行くと $\Phi(uf) = F_{uf}$ になる．したがって図 7.1 の図式が可換であるということと，等式 (7.2) が成り立つことが同値なのである．

ここで，確認のため，デルタ関数 δ_a $(a \in \mathbf{T})$ の u 倍 ($u \in C^\infty(\mathbf{T})$) を計算してみよう．任意の $v \in C^\infty(\mathbf{T})$ を取って $(u\delta_a)(v)$ を計算していくと

$$
\begin{aligned}
(u\delta_a)(v) &= \delta_a(uv) & (\Leftarrow 関数倍の定義式 (7.1)) \\
&= (uv)(a) & (\Leftarrow デルタ関数の定義式 (6.8)) \\
&= u(a)v(a) & (\Leftarrow 関数の積の定義) \\
&= u(a)(\delta_a(v)) & (\Leftarrow デルタ関数の定義式 (6.8)) \\
&= (u(a)\delta_a)(v) & (\Leftarrow 超関数の定数倍の定義)
\end{aligned}
$$

となり，超関数として
$$u\delta_a = u(a)\delta_a$$
この式は，見方を変えれば

> デルタ関数は関数倍という線形写像に関する固有ベクトルである

と解釈することもでき，デルタ関数の有用性の根拠の 1 つになっている．

7.2　微　分

超関数 $F \in \mathbf{D}(\mathbf{T})$ の微分 DF を次のように定義する：

❖ 定義 7.2 ❖
任意の $u \in C^\infty(\mathbf{T})$ に対して
$$(DF)(u) = -F(Du) \tag{7.3}$$

この右辺の「Du」は関数 u の普通の微分である．このように定義された DF が確かに超関数であること，すなわち連続な線形写像であることを示す必要がある．しかし線形であることはもう明らかであろう（$\Leftarrow$ 練習問題 7-2 参照）．ここでは連続であることを示す．そのためには

$$C^\infty(\mathbf{T}) \text{ において } u_k \to u\ (k \to \infty) \text{ であるならば} \tag{7.4}$$

$$(DF)(u_k) \to (DF)(u)\ (k \to \infty) \tag{7.5}$$

であることを示さなければならない．そのために次の簡単な補題を使う：

✣ 補題 7.3 ✣

$C^\infty(\mathbf{T})$ において，$u_k \to u\ (k \to \infty)$ ならば $Du_k \to Du\ (k \to \infty)$ も成り立つ．

証明

この結論「$Du_k \to Du\ (k \to \infty)$」の部分は，定義 5.2 によって

$$\text{すべての } p \geq 0 \text{ に対して } \|D^p(Du_k) - D^p(Du)\| \to 0\ (k \to \infty) \tag{7.6}$$

が成り立つことを主張している．しかしこの左辺は

$$\|D^{p+1}u_k - D^{p+1}u\|$$

と等しいから，式 (7.6) は

$$\text{すべての } p \geq 1 \text{ に対して } \|D^p u_k - D^p u\| \to 0\ (k \to \infty) \tag{7.7}$$

が成り立つことと同じである．ところが補題の仮定「$u_k \to u\ (k \to \infty)$」は

$$\text{すべての } p \geq 0 \text{ に対して } \|D^p u_k - D^p u\| \to 0\ (k \to \infty) \tag{7.8}$$

が成り立つということであり，式 (7.7) は式 (7.8) の主張の一部であるから，補題が証明される． $\square$

さて式 (7.5) は，定義 7.2 より

$$-F(Du_k) \to -F(Du)\ (k \to \infty)$$

であること，すなわち

$$F(Du_k) \to F(Du) \ (k \to \infty) \tag{7.9}$$

であることを主張している．一方仮定 (7.4) に補題 7.3 を適用すれば

$$Du_k \to Du \ (k \to \infty) \tag{7.10}$$

が成り立つことになり，超関数 F の連続性より，式 (7.10) から式 (7.9) が出ることがわかる．よって式 (7.5) が成り立つこと，したがって微分 DF の連続性が証明された．

ここで，デルタ関数 δ_a $(a \in \mathbf{T})$ の微分を計算してみよう．任意の $u \in C^\infty(\mathbf{T})$ を取って定義に基づいて計算していく：

$$\begin{align*}
(D\delta_a)(u) &= -\delta_a(Du) && (\Leftarrow \text{微分の定義式 (7.3)}) \\
&= -(Du)(a) && (\Leftarrow \text{デルタ関数の定義式 (6.8)}) \\
&= -u'(a)
\end{align*}$$

となり，したがって

> デルタ関数 δ_a の微分は u に $-u'(a)$ を対応させる

という写像であることがわかる．

7.3　関数の微分と超関数の微分

ここで，関数倍のときのように，超関数の微分の定義と，普通の関数の微分の定義との整合性を確認しておきたい．これは図 7.2 の図式の可換性を意味する：等式として表すと

任意の $f \in C^\infty(\mathbf{T})$ に対して

$$D(F_f) = F_{Df} \tag{7.11}$$

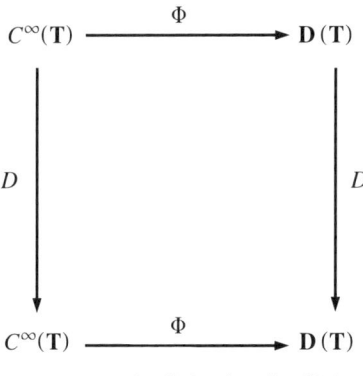

$$
\begin{CD}
C^\infty(\mathbf{T}) @>\Phi>> D(\mathbf{T}) \\
@VDVV @VVDV \\
C^\infty(\mathbf{T}) @>>\Phi> D(\mathbf{T})
\end{CD}
$$

図 7.2 関数の微分と超関数の微分

左辺は図 7.2 の図式の左上からスタートして右回りにまわったもの，右辺は左回りにまわったものである．これは次のように証明される．まず左辺の $u \in C^\infty(\mathbf{T})$ での値は

$$
\begin{aligned}
(D(F_f))(u) &= -F_f(Du) && (\Leftarrow \text{超関数の微分の定義式 (7.3)}) \\
&= -\frac{1}{2\pi}\int_0^{2\pi} f(x)(Du)(x)dx && (\Leftarrow F_f \text{の定義式 (6.3)}) \\
&= -\frac{1}{2\pi}\int_0^{2\pi} f(x)u'(x)dx && \text{(A)}
\end{aligned}
$$

一方，式 (7.11) の右辺の $u \in C^\infty(\mathbf{T})$ での値は

$$
\begin{aligned}
(F_{Df})(u) &= \frac{1}{2\pi}\int_0^{2\pi} (Df)(x)u(x)dx && (\Leftarrow F_{Df} \text{の定義式 (6.3)}) \\
&= \frac{1}{2\pi}\int_0^{2\pi} f'(x)u(x)dx && \text{(B)}
\end{aligned}
$$

となっている．ここで部分積分の公式

$$
\int_0^{2\pi} f'(x)u(x)dx = [f(x)u(x)]_0^{2\pi} - \int_0^{2\pi} f(x)u'(x)dx \tag{7.12}
$$

を思い出そう．この右辺で f も u も $C^\infty(\mathbf{T})$ の元であって，周期 2π をもつから

$$
[f(x)u(x)]_0^{2\pi} = f(2\pi)u(2\pi) - f(0)u(0) = 0
$$

である．したがって式 (7.12) は

$$\int_0^{2\pi} f'(x)u(x)dx = -\int_0^{2\pi} f(x)u'(x)dx$$

となり，これを上の式 (A)，式 (B) と見比べると式 (7.11) が成り立つことがわかる．これで超関数の微分の定義と，普通の関数の微分の定義との整合性が確認できた．

練習問題

7-1 $C^\infty(\mathbf{T})$ の関数の列 $\{v_k\}$ が $v \in C^\infty(\mathbf{T})$ に収束するならば,任意の $u \in C^\infty(\mathbf{T})$ に対して $\{uv_k\}$ が $uv \in C^\infty(\mathbf{T})$ に収束することを示せ.

7-2 超関数 F の微分 DF が $C^\infty(\mathbf{T})$ から $\mathbf{C}$ への線形写像であることを示せ.

7-3 超関数 F と任意の $u \in C^\infty(\mathbf{T})$ に対し

$$D(uF) - u(DF) = u'F$$

という等式が成り立つことを示せ.

第8章 超関数のフーリエ係数

普通の関数のフーリエ係数を自然に拡張して，超関数のフーリエ係数を定義し，その性質を調べるのが本章の目標である．

8.1 定　義

次の一連の指数関数が基本的な役割を担う：

> **❖ 定義 8.1 ❖**
> 整数 $n \in \mathbf{Z}$ に対して
> $$e_n(x) = e^{inx} \tag{8.1}$$
> とおく．

ここで，$e_n(x+2\pi) = e^{in(x+2\pi)} = e^{inx}e^{2\pi in} = e^{inx}$ であるから，関数 e_n は周期 2π をもつ周期関数であり，したがって $\mathbf{T}$ 上の関数とみなせることに注意しよう．しかも e_n は無限回微分可能だから，$e_n \in C^\infty(\mathbf{T})$ である．この関数を使って，「超関数のフーリエ係数」を次のように定義する：

> **❖ 定義 8.2 ❖**
> $F \in \mathbf{D}(\mathbf{T})$ に対し，$F(e_{-n}) (\in \mathbf{C})$ を，「F の n 番目のフーリエ係数 (*n-th Fourier coefficient*)」とよび，$\hat{F}(n)$ と表す：
> $$\hat{F}(n) = F(e_{-n}) \tag{8.2}$$

いつものように，普通の関数のフーリエ係数との関係を調べておこう．まず

$f \in C^\infty(\mathbf{T})$ に対しては,その n 番目のフーリエ係数 $\hat{f}(n)$ は

$$\hat{f}(n) = \frac{1}{2\pi} \int_0^{2\pi} f(x) e^{-inx} dx \tag{8.3}$$

で定義されるのであった.したがって

$$\begin{aligned}
\widehat{F_f}(n) &= F_f(e_{-n}) && (\Leftarrow \text{超関数のフーリエ係数の定義式 (8.2)}) \\
&= \frac{1}{2\pi} \int_0^{2\pi} f(x) e_{-n}(x) dx && (\Leftarrow F_f \text{の定義式 (6.3)}) \\
&= \frac{1}{2\pi} \int_0^{2\pi} f(x) e^{-inx} dx && (\Leftarrow e_{-n} \text{の定義式 (8.1)}) \\
&= \hat{f}(n) && (\Leftarrow \text{普通の関数のフーリエ係数の定義式 (8.3)})
\end{aligned}$$

となり

> 関数を超関数とみなしてからフーリエ係数を求めたものと,
> そのままフーリエ係数を求めたものは等しい

という整合性が成り立つことが示された.これも図 8.1 の式が可換であることと同値である:

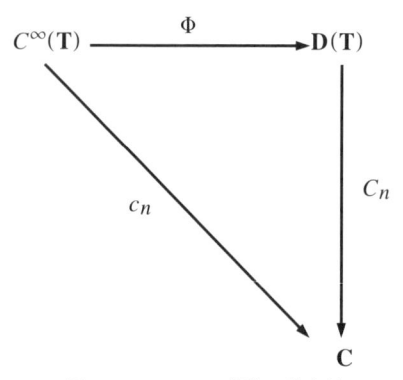

図 8.1 フーリエ係数の整合性

ここに,$c_n : C^\infty(\mathbf{T}) \to \mathbf{C}$ は $f \in C^\infty(\mathbf{T})$ にその n 番目のフーリエ係数 $\hat{f}(n)$ を対応させる写像,$C_n : \mathbf{D}(\mathbf{T}) \to \mathbf{C}$ は $F \in \mathbf{D}(\mathbf{T})$ にその n 番目のフーリエ係数 $\hat{F}(n)$ を対応させる写像である.

例 8.1 デルタ関数のフーリエ係数

デルタ関数 δ_a のフーリエ係数を求めてみよう．まず $a = e^{i\alpha}$ をみたす実数 α を1つ取る．すると次のように基本的な定義だけから計算できる：

$$\begin{align}
\widehat{\delta_a}(n) &= \delta_a(e_{-n}) & (\Leftarrow \text{超関数のフーリエ係数の定義式 (8.2)}) \\
&= \delta_{x=\alpha}(e_{-n}) & (\Leftarrow \text{定義式 (6.10)}) \\
&= e_{-n}(\alpha) & (\Leftarrow \text{デルタ関数の定義式 (6.8)}) \\
&= e^{-in\alpha} & (\Leftarrow e_{-n}\text{の定義式 (8.1)}) \\
&= a^{-n} & (\Leftarrow \alpha \text{の定義})
\end{align}$$

とくに $a = 1$ とすると

$$\widehat{\delta_1}(n) = 1 \ (n \in \mathbf{Z})$$

となる．

注意 1 後にフーリエ係数 $\hat{F}(n)$ を一列に並べてアレイ $\{\hat{F}(n)\}_{n \in \mathbf{Z}}$ をつくり，その性質を調べていくことになるが，そのときも $\widehat{\delta_a}(n)$ からつくられるアレイが非常に重要な役割を果たすことになる．

8.2　フーリエ係数の線形性

$F \in \mathbf{D}(\mathbf{T})$ にその n 番目のフーリエ係数 $\hat{F}(n)$ を対応させる写像 $C_n : \mathbf{D}(\mathbf{T}) \to \mathbf{C}$ が線形写像である，ということを確認しておきたい．

注意 2 これは決して難しいことではないが，後にアレイとの対応を見るときに重要な観点を与えることになる．

そのためには

1) 任意の $F, G \in \mathbf{D}(\mathbf{T})$ に対して，$C_n(F + G) = C_n(F) + C_n(G)$
2) 任意の $c \in \mathbf{C}$ と任意の $F \in \mathbf{D}(\mathbf{T})$ に対して，$C_n(cF) = cC_n(F)$

が成り立つことを示せばよい．まず 1) のほうは定義に従って計算していくと

$$
\begin{aligned}
C_n(F+G) &= \widehat{(F+G)}(n) & (&\Leftarrow C_n \text{の定義}) \\
&= (F+G)(e_{-n}) & (&\Leftarrow \text{超関数のフーリエ係数の定義式 (8.2)}) \\
&= F(e_{-n}) + G(e_{-n}) & (&\Leftarrow \text{超関数の和の定義式 (6.1)}) \\
&= \hat{F}(n) + \hat{G}(n) & (&\Leftarrow \text{超関数のフーリエ係数の定義式 (8.2)}) \\
&= C_n(F) + C_n(G) & (&\Leftarrow C_n \text{の定義})
\end{aligned}
$$

となるから示された．また 2) のほうも定義に従って計算していくと

$$
\begin{aligned}
C_n(cF) &= \widehat{(cF)}(n) & (&\Leftarrow C_n \text{の定義}) \\
&= (cF)(e_{-n}) & (&\Leftarrow \text{超関数のフーリエ係数の定義式 (8.2)}) \\
&= cF(e_{-n}) & (&\Leftarrow \text{超関数の定数倍の定義式 (6.2)}) \\
&= c\hat{F}(n) & (&\Leftarrow \text{超関数のフーリエ係数の定義式 (8.2)}) \\
&= cC_n(F) & (&\Leftarrow C_n \text{の定義})
\end{aligned}
$$

となり，C_n の線形性が証明された．

8.3 微分とフーリエ係数

第 7 章で導入した超関数の微分と，8.2 節で導入した超関数のフーリエ係数との関係を調べていこう．次の簡明な等式が成り立ち，今後さまざまな場面で計算が楽になる：

> **❖ 命題 8.3 ❖**
> 超関数 $F \in \mathbf{D}(\mathbf{T})$ と任意の $n \in \mathbf{Z}$ に対して
> $$(\widehat{DF})(n) = in\hat{F}(n) \tag{8.4}$$
> が成り立つ．

証明

左辺を計算していくと

$$\begin{align*}
(\widehat{DF})(n) &= (DF)(e_{-n}) & (&\Leftarrow \text{超関数のフーリエ係数の定義式 (8.2)}) \\
&= -F(De_{-n}) & (&\Leftarrow \text{超関数の微分の定義式 (7.3)}) \\
&= -F(-ine_{-n}) & (&\Leftarrow \frac{d}{dx}(e^{-inx}) = -ine^{-inx} \text{より}) \\
&= inF(e_{-n}) & (&\Leftarrow F \text{の線形性}) \\
&= in\hat{F}(n) & (&\Leftarrow \text{超関数のフーリエ係数の定義式 (8.2)})
\end{align*}$$

というように右辺と等しくなって証明できた. □

練習問題

8-1 デルタ関数 δ_a $(a \in \mathbf{T})$ の微分 $D\delta_a$ の n 番目のフーリエ係数を求めよ．さらに，それを利用して $-iD\delta_1$ の n 番目のフーリエ係数を求めよ．

8-2 デルタ関数 δ_a $(a \in \mathbf{T})$ の k 階微分 $D^k\delta_a$ の n 番目のフーリエ係数を求めよ．

8-3 式 (8.1) の関数 $f(x) = e_k(x)$ $(k \in \mathbf{Z})$ の n 番目のフーリエ係数を求めよ．

第9章 フーリエ変換

　超関数の「フーリエ変換」をある種のアレイとして定義し，アレイの「位数」との関連を調べるのが本章の目標である．

9.1 フーリエ変換

　超関数 $F \in \mathbf{D}(\mathbf{T})$ の n 番目のフーリエ係数 $\hat{F}(n)$ とは，$\hat{F}(n) = F(e_{-n})$ として定義される複素数のことであった．したがってすべての $n \in \mathbf{Z}$ に対するフーリエ係数を並べれば，1つのアレイをつくることができる．それを「F のフーリエ変換」といい，$\hat{F}$ で表す：

> **✧ 定義 9.1 ✧**
> 超関数 $F \in \mathbf{D}(\mathbf{T})$ に対し，そのフーリエ変換 $\hat{F}$ とは
> $$\hat{F} = (\hat{F}(n))_{n \in \mathbf{Z}} \tag{9.1}$$
> で定まるアレイのことをいう．

　したがって，フーリエ変換は $\mathbf{D}(\mathbf{T})$ からアレイ全体の空間 $\mathbf{A}$ への写像を与えている．これが線形写像であることを示すのは容易である（⇐ 練習問題 9-1 参照）．この定義に基づいて，フーリエ変換の例をいくつか見てみよう．

> **例 9.1** デルタ関数のフーリエ変換
> 　デルタ関数 δ_a $(a \in \mathbf{T})$ の n 番目のフーリエ係数は $\widehat{\delta_a}(n) = a^{-n}$ であった（⇐ 例 8.1 参照）．したがってフーリエ変換の定義より

$$\widehat{\delta_a} = (a^{-n})_{n \in \mathbf{Z}} \tag{9.2}$$

である．このアレイを両側に無限に伸びた数列として

$$\cdots, a^2, a, 1, a^{-1}, a^{-2}, \cdots \tag{9.3}$$

と書くこともできる．この各項はすべて絶対値が 1 の複素数だから，これは有界なアレイであり，したがって

$$\widehat{\delta_a} \in \mathbf{A}^0$$

であることもわかる．とくに $a=1$ のときは式 (9.3) の各項がすべて 1 になり，したがって

$$\widehat{\delta_1} = \mathbf{1} \; (\Leftarrow \text{すべての項が 1 であるアレイ})$$

である．

9.2 アレイの位数

本節の目標はアレイの空間 $\mathbf{A}$ をその「位数」とよばれる増大度で階層付けすることである．

> **❖ 定義 9.2 ❖**
> アレイ $\mathbf{a} = (\mathbf{a}_n)_{n \in \mathbf{Z}} \in \mathbf{A}$ の位数が m 以下である，とは，ある正の定数 B が存在して，絶対値が十分大きな整数 n に対して
> $$|\mathbf{a}_n| \leq B|n|^m$$
> が成り立つことをいう．そして，位数が m 以下のアレイの全体の集合を $\mathbf{A}^m$ と書く．

注意 1 この定義を一言でいえば「$|\mathbf{a}_n|$ が大体 $|n|^m$ 位で増える」ということである．逆に厳密にいうと次のように表せる：

$$\exists B > 0 \exists N \in \mathbf{N} \forall n \in \mathbf{Z};\ |n| \geq N \Rightarrow |\mathbf{a}_n| \leq B|n|^m$$

後に「超関数の位数」を考えるときにこのような厳密な考察が必要となる．

$\mathbf{A}^0$ はどのようなアレイの集合かを考えてみよう．定義によって

$$\begin{aligned}\mathbf{A}^0 &= \{\mathbf{a} \in \mathbf{A};\ \mathbf{a} \text{ の位数が } 0 \text{ 以下 }\} \\ &= \{\mathbf{a} \in \mathbf{A};\ 定数 B \text{ が存在して，絶対値が十分大きな整数 } n \text{ に対して } |\mathbf{a}_n| \leq B \text{ が成り立つ }\}\end{aligned}$$

であるから

  $\mathbf{A}^0$ は有界なアレイの全体の集合である

ということができる．したがって第 3 章の 3.2 節で定義された記号がそのまま使えることになる．

例 9.2 $D\delta_1$ のフーリエ変換

第 8 章の命題 8.3 より

$$\widehat{D\delta_1}(n) = in\widehat{\delta_1}(n) = in$$

である．したがって

$$\widehat{D\delta_1} = (in)_{n \in \mathbf{Z}}$$

となる．またこの両辺を i で割れば

$$\widehat{D\delta_1/i} = (n)_{n \in \mathbf{Z}}$$

となり，これは公差 1 の等差数列 $\{\cdots, -2, -1, 0, 1, 2, \cdots\}$ になっている．したがってその位数は 1 であり，$\widehat{D\delta_1} \in \mathbf{A}^1$ であることがわかる．同様にして $\widehat{D^m\delta_a} \in \mathbf{A}^m$ であることも示すことができる（$\Leftarrow$ 練習問題 9-2 参照）．

9.3　フーリエ変換と位数

普通の関数のフーリエ変換として得られるアレイの位数を調べていこう．$\mathbf{T}$ 上の m 回連続微分可能な関数全体の集合を $C^m(\mathbf{T})$ と書くのであった．また $C^0(\mathbf{T})$ は $\mathbf{T}$ 上の連続関数の全体を意味していることにも注意しておく．さて $f \in C^0(\mathbf{T})$ に対してその「L^1-ノルム $\|f\|_1$」を

$$\|f\|_1 = \frac{1}{2\pi} \int_0^{2\pi} |f(x)| dx \tag{9.4}$$

で定義する．このとき次の命題が成り立つ：

> **❖ 命題 9.3 ❖**
>
> 任意の $f \in C^0(\mathbf{T})$ に対して
>
> $$|\hat{f}(n)| \leq \|f\|_1 \quad (n \in \mathbf{Z}) \tag{9.5}$$
>
> が成りたつ．

証明

フーリエ係数の定義式 (8.3) によって

$$\hat{f}(n) = \frac{1}{2\pi} \int_0^{2\pi} f(x) e^{-inx} dx \tag{9.6}$$

である．したがって

$$\begin{aligned}
|\hat{f}(n)| &= \frac{1}{2\pi} \left| \int_0^{2\pi} f(x) e^{-inx} dx \right| \\
&\leq \frac{1}{2\pi} \int_0^{2\pi} |f(x) e^{-inx}| dx \quad (\Leftarrow \text{絶対値と積分の関係}) \\
&= \frac{1}{2\pi} \int_0^{2\pi} |f(x)| dx \quad (\Leftarrow |e^{-inx}| = 1 \text{ だから}) \\
&= \|f\|_1 \quad (\Leftarrow \text{定義 (9.4) より})
\end{aligned}$$

となり，証明できた． $\square$

不等式 (9.5) の右辺は n に依存しない定数であるから，次の系が得られる：

❖ 系 9.4 ❖
任意の $f \in C^0(\mathbf{T})$ に対して $\hat{f} \in \mathbf{A}^0$ が成り立つ.

このことから，さらに次のきれいな命題も得られる：

❖ 命題 9.5 ❖
任意の $f \in C^m(\mathbf{T})$ に対して $\hat{f} \in \mathbf{A}^{-m}$ が成り立つ.

証明

$f \in C^m(\mathbf{T})$ とすると，定義によって $D^m f \in C^0(\mathbf{T})$ である（⇐ m 回微分すると連続になるから）．したがって系 9.4 より

$$\widehat{D^m f} \in \mathbf{A}^0 \tag{9.7}$$

が成り立つ．一方命題 8.3 より

$$\widehat{Df}(n) = in\hat{f}(n) \tag{9.8}$$

そして

$$\widehat{D^m f}(n) = (in)^m \hat{f}(n) \tag{9.9}$$

が成り立つから

$$\begin{aligned}|n|^m |\hat{f}(n)| &= |\widehat{D^m f}(n)| \quad (\Leftarrow \text{式 (9.9) の両辺の絶対値を取った}) \\ &\leq B \quad (\Leftarrow \text{式 (9.7) より})\end{aligned}$$

という正の定数 B が存在する．よってこの両辺に $|n|^{-m}$ を掛ければ

$$|\hat{f}(n)| \leq B|n|^{-m}$$

成り立つことになり，$\hat{f} \in \mathbf{A}^{-m}$ であることがわかる． □

ここでアレイの位数の定義 9.2 に出てくる不等式 $|\mathbf{a}_n| \leq B|n|^m$ の右辺について，$B|n|^m \leq B|n|^{m+1}$ が成り立つことに注意しよう．したがって

「$|\mathbf{a}_n| \leq B|n|^m$ ならば $|\mathbf{a}_n| \leq B|n|^{m+1}$」

も成り立つ．よって

$$\mathbf{A}^m \subset \mathbf{A}^{m+1}$$

という包含関係がすべての整数 m に対して成り立つことがわかる．そこで

$$\mathbf{A}^{-\infty} = \cap_{m \in \mathbf{Z}} \mathbf{A}^m \tag{9.10}$$

とおくと，次の系が得られる．

✣ 系 9.6 ✣

任意の $f \in C^\infty(\mathbf{T})$ に対して $\hat{f} \in \mathbf{A}^{-\infty}$ が成り立つ．

証明

$f \in C^\infty(\mathbf{T})$ ならば，f はすべての非負整数 m に対して $f \in C^m(\mathbf{T})$ となっており，したがって命題 9.5 によって $\hat{f}$ はすべての非負整数 m に対して $\hat{f} \in \mathbf{A}^{-m}$ をみたすことになるからである．□

さらに式 (9.10) で共通部分を取ったのと逆に和集合を取って

$$\mathbf{A}^{\infty} = \cup_{m \in \mathbf{Z}} \mathbf{A}^m \tag{9.11}$$

とおく．

ここまででわかったことを図示すると，図 9.1 ような包含関係ができあがる：

$$\begin{array}{ccccccccccccccc}
C^\infty(\mathbf{T}) \subset & \cdots & \subset C^2(\mathbf{T}) \subset & C^1(\mathbf{T}) \subset & C^0(\mathbf{T}) & & & \subset & & & \mathbf{D}(\mathbf{T}) \\
\downarrow & & \downarrow & \downarrow & \downarrow & & & & & & \downarrow \\
\mathbf{A}^{-\infty} \subset & \cdots & \subset \mathbf{A}^{-2} \subset & \mathbf{A}^{-1} \subset & \mathbf{A}^0 & \subset & \mathbf{A}^1 & \subset & \cdots & \subset \mathbf{A}^\infty & \subset \mathbf{A}
\end{array}$$

縦の矢印はフーリエ変換を表す．

図 9.1　$C^m(\mathbf{T})$ と $\mathbf{A}^{-m}$ の関係

この上の行の隙間にうまく当てはまるように超関数の階層付けを行うのが 9.4 節の目標である．

9.4 超関数の位数

9.3 節でアレイのなす空間に階層付けを行ったが，それと平行して超関数のなす空間にも階層を導入する．これは第 11 章でデルタ関数の特徴付けを行うときにも重要な役割を果たすことになる．

まず $C^\infty(\mathbf{T})$ に属する関数の「(m)-ノルム」を次のように定義する：

> **❖ 定義 9.7 ❖**
> $u \in C^\infty(\mathbf{T})$ に対し $\max_{0 \le k \le m} \|D^k u\|$ を u の (m)-ノルムとよび，$\|u\|_{(m)}$ で表す：
> $$\|u\|_{(m)} = \max_{0 \le k \le m} \|D^k u\| \tag{9.12}$$

注意 2 関数解析で重要な空間 L^p のノルム $\|f\|_p = \left(\dfrac{1}{2\pi}\displaystyle\int |f(x)|^p dx\right)^{1/p}$ と区別するためにカッコをつけて「(m)-ノルム」の記号とした．参考文献 [1] もこの流儀である．

> **例 9.3** 指数関数 $e_n \in C^\infty(\mathbf{T})$ の (m)-ノルム
> $D^m e_n = (in)^m e_n$ であるから，$n \ne 0$ ならば $\|e_n\|_{(m)} = |n|^m$ である．（$n = 0$ のとき $e_0 = 1$（定数関数）であるから，その (m)-ノルムは 1 に等しい）．

これを利用して，超関数の「位数」を次で定義する：

❖ 定義 9.8 ❖

超関数 $F \in \mathbf{D}(\mathbf{T})$ に対して，非負整数 m と正の定数 c が存在して，すべての $u \in C^\infty(\mathbf{T})$ に対して

$$|F(u)| \leq c\|u\|_{(m)} \tag{9.13}$$

が成り立つとき，F は位数 m 以下である，という．そして位数が m 以下の超関数の全体を $\mathbf{D}^m(\mathbf{T})$ で表す．

例 9.4 位数 0 以下の超関数

不等式 (9.13) で $m = 0$ とおいた式 $|F(u)| \leq c\|u\|_{(0)}$，すなわち

$$|F(u)| \leq c\|u\|$$

がすべての $u \in C^\infty(\mathbf{T})$ に対して成り立つとき「F は測度 (measure) である」という．したがってデルタ関数 δ_a $(a \in \mathbf{C})$ は測度の重要な例を与えている ($\Leftarrow$ 練習問題 9-4 参照)．

さてこのように定義された超関数の位数と，そのフーリエ変換として得られるアレイの位数の間には次のように密接な関係がある：

❖ 命題 9.9 ❖

超関数 $F \in \mathbf{D}(\mathbf{T})$ の位数が m 以下であるならば，そのフーリエ変換として得られるアレイ $\hat{F}$ の位数も m 以下である．すなわち

$$F \in \mathbf{D}^m(\mathbf{T}) \Rightarrow \hat{F} \in \mathbf{A}^m$$

が成り立つ．

証明

仮定によって不等式 (9.13) がすべての $u \in C^\infty(\mathbf{T})$ に対して成り立つが，u

として e_{-n} を取ると

$$|F(e_{-n})| \leq c||e_{-n}||_{(m)}$$

が成り立つことになる．ところがこの左辺はフーリエ変換の定義 8.2 によって $|\hat{F}(n)|$ に等しく，右辺は例 9.3 によって $n \neq 0$ ならば $c|n|^m$, $n = 0$ のときは c であるから，$|n| \geq 1$ ならば

$$|\hat{F}(n)| \leq c|n|^m$$

となる．したがって定義 9.2 によってアレイ $\hat{F}$ の位数も m 以下である． □

さらに，任意の超関数は必ず有限の位数をもつ，というのが次の定理の主張であり，これが第 11 章で決定的な役割を果たすことになる：

❖ 定理 9.10 ❖
任意の $F \in \mathbf{D}(\mathbf{T})$ に対して，F の位数が m 以下となるような正の整数 m が存在する．

証明

背理法によって証明する．すなわちそのような m が存在しないと仮定して矛盾を導きたい．すると正の整数 m ごとに

$$|F(u_m)| > m||u_m||_{(m)} \tag{9.14}$$

をみたす $u_m \in C^\infty(\mathbf{T})$ が存在することになる（⇐ 定義 9.8 のなかの「非負整数 m と正の定数 c が存在して」の部分を否定すると「任意の非負整数 m と任意の正の定数 c に対して」となるが，その c も m とおいたのである）．この不等式から $u_m \neq 0$ であることに注意しよう（⇐ もし $u_m = 0$ なら，式 (9.14) の両辺ともに 0 になってしまい，「$0 > 0$」という不合理な式になるからである）．そこで

$$c_m = ||u_m||_{(m)} > 0 \qquad (\Leftarrow u_m \neq 0 \text{ だから}) \tag{9.15}$$

とおく．したがって

$$v_m = \frac{u_m}{mc_m} \tag{9.16}$$

とおくと，$v_m \in C^\infty(\mathbf{T})$ であり

$$\begin{aligned}
||v_m||_{(m)} &= ||\frac{u_m}{mc_m}||_{(m)} \\
&= \frac{||u_m||_{(m)}}{mc_m} \\
&= \frac{1}{m} \qquad (\Leftarrow \text{式 (9.15) より})
\end{aligned}$$

となるから，$C^\infty(\mathbf{T})$ において v_m は 0 に収束することがわかる（$\Leftarrow$ 練習問題 9-5 参照）．したがって F の連続性によって

$$F(v_m) \to 0 \tag{9.17}$$

とならなければならない．しかし一方で

$$\begin{aligned}
|F(v_m)| &= \left|\frac{F(u_m)}{mc_m}\right| \qquad (\Leftarrow \text{式 (9.16) と } F \text{ の線形性より}) \\
&= \frac{|F(u_m)|}{mc_m} \qquad (\Leftarrow \text{絶対値を分けた}) \\
&> 1 \qquad (\Leftarrow \text{式 (9.14) の両辺を } mc_m \text{ で割った})
\end{aligned}$$

であり，これは式 (9.17) に矛盾する．これで定理が証明された． □

この定理から，超関数の空間が次のように簡潔に表されることがわかった：

$$\mathbf{D}(\mathbf{T}) = \cup_{m \geq 0} \mathbf{D}^m(\mathbf{T})$$

したがって命題 9.9 と合わせれば図 9.1 の隙間が埋められて図 9.2 が得られる：

$$\begin{array}{c}
C^\infty \subset \cdots \subset C^2 \subset C^1 \subset \mathbf{D}^0 \subset \mathbf{D}^1 \subset \mathbf{D}^2 \subset \cdots \subset \mathbf{D} \\
\downarrow \qquad \quad \downarrow \quad\ \downarrow \quad\ \downarrow \quad\ \downarrow \quad\ \downarrow \qquad\quad \downarrow \\
\mathbf{A}^{-\infty} \subset \cdots \subset \mathbf{A}^{-2} \subset \mathbf{A}^{-1} \subset \mathbf{A}^0 \subset \mathbf{A}^1 \subset \mathbf{A}^2 \subset \cdots \subset \mathbf{A}^\infty
\end{array}$$

縦の矢印はフーリエ変換を表す．

図 9.2 $\mathbf{D}^m(\mathbf{T})$ と $\mathbf{A}^m$ の関係

練習問題

9-1 超関数 F にそのフーリエ変換 $\hat{F}$ を対応させる写像を $\mathcal{F}$ と書くことにする:

$$\mathcal{F}: \mathbf{D}(\mathbf{T}) \to \mathbf{A}$$
$$\mathcal{F}(F) = \hat{F}$$

この写像 $\mathcal{F}$ が線形写像であることを示せ.

9-2 $\widehat{D^m \delta_a} \in \mathbf{A}^m$ であることを示せ.

9-3 $\mathbf{A}^m$ は $\mathbf{A}$ の線形部分空間であることを示せ.

9-4 デルタ関数 δ_a $(a \in \mathbf{C})$ は測度であることを示せ.

9-5 関数列 $v_m \in C^\infty(\mathbf{T})$ $(m = 1, 2, \cdots)$ が $\|v_m\|_{(m)} = \dfrac{1}{m}$ をみたすならば, $C^\infty(\mathbf{T})$ において $\lim_{m \to \infty} v_m = 0$ であることを示せ.

第10章 逆フーリエ変換

フーリエ変換は超関数にアレイを対応させたのだが，逆にアレイに超関数を対応させる「逆フーリエ変換」を定義していろいろな性質を調べるのが本章の目標である．

10.1 逆フーリエ変換の定義

まず定義から始めよう：

❖ 定義 10.1 ❖

アレイ $\mathbf{a} = (\mathbf{a}_n) \in \mathbf{A}^\infty$ に対し，$\sum_{n \in \mathbf{Z}} \mathbf{a}_n e_n$ を $\mathbf{a}$ の逆フーリエ変換といい，$\hat{\mathbf{a}}$ で表す：

$$\hat{\mathbf{a}} = \sum_{n \in \mathbf{Z}} \mathbf{a}_n e_n \tag{10.1}$$

後に見るように，この右辺の無限和 $\sum_{n \in \mathbf{Z}} \mathbf{a}_n e_n$ は「超関数として収束する」ということになる．その「超関数としての収束」というのは次の意味である：

❖ 定義 10.2 ❖

(1) 超関数の列 $\{F_n\}$ が超関数 F に収束するとは，任意の $u \in C^\infty(\mathbf{T})$ に対して
$$\lim_{n \to \infty} F_n(u) = F(u) \tag{10.2}$$
が成り立つことをいう．

(2) 関数の列 $\{f_n\}$ が超関数として F に収束するとは，対応する超関数の列 $\{F_{f_n}\}$ が (1) の意味で F に収束することをいう．

ここで $f \in C^\infty(\mathbf{T})$ のときは f のフーリエ変換 $\hat{f}$ を逆フーリエ変換するともとにもどること，すなわち

$$\hat{\hat{f}} = \sum_{n \in \mathbf{Z}} \hat{f}(n) e_n \text{ の右辺が } f \text{ に関数として一様収束する} \tag{10.3}$$

ということが知られている（参考文献 [1] 12.1.1 参照.）本章の 1 つの目標は式 (10.3) を一般化し，式 (10.1) の右辺の無限和が「超関数として収束する」ということを示すことである．

10.2　超関数→アレイ→超関数

本節では，超関数のフーリエ変換として得られるアレイに対しては式 (10.1) の右辺が超関数として収束することを示すとともに，超関数にフーリエ変換を行いさらに逆フーリエ変換を行うともとにもどることを示したい．正確に定式化すると次の主張である：

> **❖ 定理 10.3 ❖**
>
> $F \in \mathbf{D}(\mathbf{T})$ に対して $\hat{F}(n) = c_n$ とおき，$s_N = \sum_{|n| \leq N} c_n e_n$ とおくと，s_N は $N \to \infty$ のとき F に超関数として収束する．したがって
>
> $$\hat{\hat{F}} = F$$
>
> である．

証明

定義 10.2 の (2) に基づき，s_N に対応する超関数 F_{s_N} が F に収束することを示したい．まず次の補題を証明しておく．これは後に何度も使われることになる：

❖ 補題 10.4 ❖

任意のアレイ $\mathbf{a} = (\mathbf{a}_n)_{n \in \mathbf{Z}}$ に対して，$s_N = \sum_{|n| \leq N} \mathbf{a}_n e_n$ とおくと

$$F_{s_N}(u) = \sum_{|n| \leq N} \mathbf{a}_n \hat{u}(-n) \tag{10.4}$$

が成りたつ．

補題の証明

左辺を計算していくと

$$\begin{aligned}
F_{s_N}(u) &= \frac{1}{2\pi} \int_0^{2\pi} s_N(x) u(x) dx & (\Leftarrow F_{s_N} \text{の定義式 (6.3)}) \\
&= \frac{1}{2\pi} \int_0^{2\pi} (\sum_{|n| \leq N} \mathbf{a}_n e_n(x)) u(x) dx & (\Leftarrow s_N \text{の定義}) \\
&= \sum_{|n| \leq N} \mathbf{a}_n \frac{1}{2\pi} \int_0^{2\pi} e_n(x) u(x) dx & (\Leftarrow \text{積分の線形性}) \\
&= \sum_{|n| \leq N} \mathbf{a}_n \hat{u}(-n) & (\Leftarrow \text{普通のフーリエ係数の定義式 (8.3)})
\end{aligned}$$

となって右辺に等しくなり，補題が証明された． □

さて，定理 10.3 の証明にもどり，任意の $u \in C^\infty(\mathbf{T})$ を取って $F_{s_N}(u)$ を計算していく：

$$\begin{aligned}
F_{s_N}(u) &= \sum_{|n| \leq N} c_n \hat{u}(-n) & (\Leftarrow \text{補題 10.4 の } \mathbf{a}_n \text{として } c_n \text{を取った}) \\
&= \sum_{|n| \leq N} \hat{F}(n) \hat{u}(-n) & (\Leftarrow c_n \text{の定義}) \\
&= \sum_{|n| \leq N} F(e_{-n}) \hat{u}(-n) & (\Leftarrow \text{超関数のフーリエ係数の定義式 (8.2)}) \\
&= F(\sum_{|n| \leq N} \hat{u}(-n) e_{-n}) & (\Leftarrow F \text{の線形性}) \\
&= F(\sum_{|n| \leq N} \hat{u}(n) e_n) & (\Leftarrow -n \text{を } n \text{で置き換えた})
\end{aligned}$$

そしてこの最後の式の中身 $\sum_{|n|\leq N} \hat{u}(n)e_n$ は u に一様収束するのであった ($\Leftarrow$ 式 (10.3)) から，そのあらゆる微分も一様収束し，したがって $C^\infty(\mathbf{T})$ の意味で収束する．よって超関数 F の連続性により $F(\sum_{|n|\leq N} \hat{u}(n)e_n)$ は $F(u)$ に収束する．したがって $F_{s_N}(u)$ が $F(u)$ に収束することがわかり，定理が証明された． □

例 10.1 デルタ関数の無限和表示

定理 10.3 から
$$\delta_1 = \sum_{n \in \mathbf{Z}} e_n$$
であることがわかる．なぜなら例 9.1 で見たように
$$\hat{\delta_1} = \mathbf{1} \tag{10.5}$$
であり，定義 10.1 によって
$$\hat{\mathbf{1}} = \sum_{n \in \mathbf{Z}} e_n \tag{10.6}$$
したがって
$$\begin{array}{rll} \delta_1 &= \hat{\hat{\delta_1}} & (\Leftarrow 定理 10.3 より) \\ &= \hat{\mathbf{1}} & (\Leftarrow 式 (10.5) より) \\ &= \sum_{n \in \mathbf{Z}} e_n & (\Leftarrow 式 (10.6) より) \end{array}$$
となるからである．

10.3　アレイ→超関数→アレイ

こんどは，アレイからスタートして逆フーリエ変換し，さらにそれをフーリエ変換するともとにもどる，ということを見ていこう．次の命題が大事な役割を果たす：

> ❖ **命題 10.5** ❖
>
> 整数 m に対し，2 つのアレイ $\mathbf{a}, \mathbf{b}$ について $\mathbf{a} \in \mathbf{A}^m$, $\mathbf{b} \in \mathbf{A}^{-m-2}$ が成り立っているとき，$c_N = \sum_{|n| \leq N} \mathbf{a}_n \mathbf{b}_n$ で定義される数列 $\{c_N\}$ は絶対収束する．

証明

定義 9.2 により，$\mathbf{a} \in \mathbf{A}^m$ とは，ある正の整数 n_1 と，ある正の定数 B_1 に対して

$$|n| \geq n_1 \text{ ならば } |\mathbf{a}_n| \leq B_1 |n|^m \tag{10.7}$$

が成り立つということであった．同様にアレイ $\mathbf{b}$ についても，ある正の整数 n_2 と，ある正の定数 B_2 に対して

$$|n| \geq n_2 \text{ ならば } |\mathbf{b}_n| \leq B_2 |n|^{-m-2} \tag{10.8}$$

が成り立っている．したがって $n_0 = \max(n_1, n_2)$，$B_0 = \max(B_1, B_2)$ とおけば，$|n| \geq n_0$ をみたす n に対して

$$|\mathbf{a}_n| \leq B_0 |n|^m \text{ かつ } |\mathbf{b}_n| \leq B_0 |n|^{-m-2} \tag{10.9}$$

が成り立っている．よって

$$
\begin{aligned}
|\sum_{|n| \leq N} \mathbf{a}_n \mathbf{b}_n| &\leq \sum_{|n| \leq N} |\mathbf{a}_n||\mathbf{b}_n| &&(\Leftarrow \Sigma \text{の性質}) \\
&= \sum_{|n| \leq n_0 - 1} |\mathbf{a}_n||\mathbf{b}_n| + \sum_{n_0 \leq |n| \leq N} |\mathbf{a}_n||\mathbf{b}_n| \\
& &&(\Leftarrow \Sigma \text{を分けた}) \\
&= \sum_{|n| \leq n_0 - 1} |\mathbf{a}_n||\mathbf{b}_n| + \sum_{n_0 \leq |n| \leq N} B_0 |n|^m \cdot B_0 |n|^{-m-2} \\
& &&(\Leftarrow (10.9) \text{ より}) \\
&= \sum_{|n| \leq n_0 - 1} |\mathbf{a}_n||\mathbf{b}_n| + B_0^2 \sum_{n_0 \leq |n| \leq N} |n|^{-2} \\
& &&(\Leftarrow \text{定数を外に出してまとめた})
\end{aligned}
$$

となる．ところがこの右辺の第 2 項の和について

$$\sum_{n_0 \leq |n| \leq N} |n|^{-2} \leq \sum_{1 \leq |n| \leq N} |n|^{-2} = 2 \sum_{1 \leq n \leq N} n^{-2}$$

であり，$\sum_{n \geq 1} n^{-2}$ は有限の値に収束するから（⇐ 練習問題 10-2 参照），上の計算より $c_N = \sum_{|n| \leq N} \mathbf{a}_n \mathbf{b}_n$ で定義される数列 $\{c_N\}$ は絶対収束することが示されたことになる． □

注意 1 本質的な違いはないが，上の命題の結論を

$c_N = \sum_{|n| \leq N} \mathbf{a}_n \mathbf{b}_{-n}$ で定義される数列 $\{c_N\}$ は絶対収束する．

に変えても正しい．それはアレイ $\mathbf{b} = (\mathbf{b}_n)_{n \in \mathbf{Z}}$ の位数と，正負を逆転したアレイ $\mathbf{b} = (\mathbf{b}_{-n})_{n \in \mathbf{Z}}$ の位数は等しいからである．このことは次の命題の証明で使われる．

命題 10.5 から次の重要な命題が得られる：

❖ 命題 10.6 ❖
位数 m のアレイ $\mathbf{a} \in \mathbf{A}^m$ と，任意の $u \in C^\infty(\mathbf{T})$ に対し

$$c_N = \sum_{|n| \leq N} \mathbf{a}_n \hat{u}(-n) \tag{10.10}$$

で定義される数列 $\{c_N\}$ は絶対収束する．

証明

系 9.6 より，$\hat{u} \in \mathbf{A}^{-\infty} = \cap_{n \in \mathbf{Z}} \mathbf{A}^n$，すなわち $\hat{u}$ は任意の整数 n に対して $\mathbf{A}^n$ に属しており，特に $\hat{u} \in \mathbf{A}^{-m-2}$ が成り立つ．したがって，命題 10.4 のアレイ $\mathbf{b}$ として $\hat{u}$ を取ることができ，上の注意によって証明が終わるのである． □

この命題 10.6 によって定まる $c_N = \sum_{|n| \leq N} \mathbf{a}_n \hat{u}(-n)$ の極限値を $F(u)$ とお

こう：

$$\lim_{N\to\infty} c_N = F(u) \tag{10.11}$$

言い換えれば

$$\sum_{n\in\mathbf{Z}} \mathbf{a}_n \hat{u}(-n) = F(u) \tag{10.12}$$

が成り立っている．したがって，任意の $u \in C^\infty(\mathbf{T})$ に対して，この極限値として 1 つの複素数 $F(u)$ が定まるという意味で，$C^\infty(\mathbf{T})$ から $\mathbf{C}$ への写像 F を与えていることになる．そしてこの $F : C^\infty(\mathbf{T}) \to \mathbf{C}$ が超関数であることを示していくのがここからの流れとなる．

□ F の線形性

まず

$$s_N = \sum_{|n|\leq N} \mathbf{a}_n e_n$$

とおくと，

$$\begin{aligned} F_{s_N}(u) &= \sum_{|n|\leq N} \mathbf{a}_n \hat{u}(-n) && (\Leftarrow \text{補題 } 10.4 \text{ より}) \\ &= c_N && (\Leftarrow c_N \text{の定義式 } (10.10) \text{ より}) \end{aligned}$$

が成り立っている．したがって式 (10.11) より，任意の $u \in C^\infty(\mathbf{T})$ に対して，$F(u)$ は

$$\lim_{N\to\infty} F_{s_N}(u) = F(u) \tag{10.13}$$

で定義されている，と言い換えられる．これを利用して $F(u+v)$ $(u, v \in C^\infty(\mathbf{T}))$ を計算していくと

$$\begin{aligned} F(u+v) &= \lim_{N\to\infty} F_{s_N}(u+v) && (\Leftarrow \text{式 } (10.13) \text{ より}) \\ &= \lim_{N\to\infty} (F_{s_N}(u) + F_{s_N}(v)) && (\Leftarrow F_{s_N} \text{の線形性}) \\ &= \lim_{N\to\infty} F_{s_N}(u) + \lim_{N\to\infty} F_{s_N}(v) && (\Leftarrow \lim \text{の線形性}) \\ &= F(u) + F(v) && (\Leftarrow \text{式 } (10.13) \text{ より}) \end{aligned}$$

というように等式 $F(u+v) = F(u) + F(v)$ が示され，定数 $c \in \mathbf{C}$ に対する等式 $F(cu) = cF(u)$ も同様に示されるから（⇐ 練習問題 10-3 参照），F の線形性が証明された．

□ F の連続性

次の命題がキーポイントとなる．この命題自身はその証明からわかるように，すでに見てきた事実からすぐ出ることではある：

> ❖ 命題 10.7 ❖
>
> 任意の非負整数 m と，0 でない整数 n に対して，任意の $u \in C^\infty(\mathbf{T})$ について
> $$|\hat{u}(n)| \leq \|D^m u\| |n|^{-m}$$
> が成り立つ．

証明

命題 9.3 より，$|\hat{u}(n)| \leq \|u\|_1$ が成り立つが，この右辺についてさらに

$$\begin{aligned}
\|u\|_1 &= \frac{1}{2\pi} \int_0^{2\pi} |u(x)| dx && (\Leftarrow \|u\|_1 \text{の定義式 (9.4)}) \\
&\leq \frac{1}{2\pi} \int_0^{2\pi} \|u\| dx && (\Leftarrow \|u\| \text{の定義式 (5.8)}) \\
&= \|u\| \frac{1}{2\pi} \int_0^{2\pi} 1 dx && (\Leftarrow \text{定数を外に出した}) \\
&= \|u\|
\end{aligned}$$

となるから，不等式

$$|\hat{u}(n)| \leq \|u\| \tag{10.14}$$

も成り立っていることに注意しよう．したがって

$$\begin{aligned}
|n|^m |\hat{u}(n)| &= |\widehat{D^m u}(n)| && (\Leftarrow \text{等式 (9.9) で } f = u \text{ として絶対値を取った}) \\
&\leq \|D^m u\| && (\Leftarrow \text{式 (10.14) を } D^m u \text{ に適用})
\end{aligned}$$

この両辺を $|n|^m$ で割って命題の主張が得られる． □

これを活用して，F の連続性を示していこう．与えられたアレイ $\mathbf{a}$ は位数 m 以下と仮定されている．すなわち，ある正の整数 N と，正の定数 B が存在して

$$|n| \geq N \text{ ならば } |\mathbf{a}_n| \leq B|n|^m \tag{10.15}$$

が成り立っていることを頭に入れておこう．そこで，<u>0 でない</u>任意の $u \in C^\infty(\mathbf{T})$ に対して次のように計算していく：

$$\begin{aligned}
|F(u)| &= |\sum_{n \in \mathbf{Z}} \mathbf{a}_n \hat{u}(-n)| && (\Leftarrow F(u) \text{ の定義式 } (10.12)) \\
&= |\sum_{|n|<N} \mathbf{a}_n \hat{u}(-n) + \sum_{|n| \geq N} \mathbf{a}_n \hat{u}(-n)| && (\Leftarrow \Sigma \text{ を分けた}) \\
&\leq |\sum_{|n|<N} \mathbf{a}_n \hat{u}(-n)| + |\sum_{|n| \geq N} \mathbf{a}_n \hat{u}(-n)| && (\Leftarrow \text{絶対値の性質}) \\
&= B' + |\sum_{|n| \geq N} \mathbf{a}_n \hat{u}(-n)| && (\Leftarrow |\sum_{|n|<N} \mathbf{a}_n \hat{u}(-n)| = B' \text{ とおいた}) \\
&\leq B' + \sum_{|n| \geq N} |\mathbf{a}_n||\hat{u}(-n)| && (\Leftarrow \text{絶対値の性質}) \\
&\leq B' + \sum_{|n| \geq N} B|n|^m |\hat{u}(-n)| && (\Leftarrow \text{式 } (10.15)) \\
&\leq B' + \sum_{|n| \geq N} B|n|^m \|D^{m+2} u\| |n|^{-(m+2)} && (\Leftarrow \text{命題 } 10.7) \\
&\leq B' + B\|D^{m+2} u\| \sum_{|n| \geq N} |n|^{-2} && (\Leftarrow \text{定数を} \Sigma \text{の外に出した}) \\
&\leq B' + B''\|D^{m+2} u\| && (\Leftarrow \text{定数をまとめて } B'' \text{ とおいた}) \\
&\leq B' + B'' \max_{0 \leq p \leq m+2} \|D^p u\| && (\Leftarrow \max \text{ の定義}) \\
&\leq C \max_{0 \leq p \leq m+2} \|D^p u\| && (\Leftarrow \text{このように定数 } C \text{ がとれる})
\end{aligned}$$

(この最後の不等式が成り立つことは練習問題 10-1 参照．むずかしい不等式ではないが，$\max_{0 \leq p \leq m+2} \|D^p u\| \geq \|u\|$ であり，仮定によって $u \neq 0$ であるから，$\|u\| > 0$ が成り立っている，というのが微妙なところである)．

これを利用して F の連続性を示そう．すなわち

「$C^\infty(\mathbf{T})$ において $u_k \to u$ ならば $F(u_k) \to F(u)$ である」

ということを示すのであるが, $u_k - u$ が 0 でなければ

$$
\begin{aligned}
|F(u_k) - F(u)| &= |F(u_k - u)| \quad (\Leftarrow F \text{ の線形性}) \\
&\leq C \max_{0 \leq p \leq m+2} \|D^p(u_k - u)\| \quad (\Leftarrow \text{上で得られた不等式}) \\
&= C \max_{0 \leq p \leq m+2} \|D^p(u_k) - D^p(u)\| \quad (\Leftarrow D^p \text{ の線形性})
\end{aligned}
$$

が成り立つし, $u_k - u = 0$ であればもちろん F の線形性より

$$|F(u_k) - F(u)| = |F(0)| = 0$$

が成り立つ. したがっていずれにしても $k \to \infty$ のとき $|F(u_k) - F(u)| \to 0$ であることがわかり, F の連続性がついに示された.

さていよいよ本節の目標とする「アレイ→超関数→アレイ」という対応がもとにもどる, という課題の解決のときである：

❖ 定理 10.8 ❖
アレイ $\mathbf{a} \in \mathbf{A}^\infty$ に対して, $\hat{\hat{\mathbf{a}}} = \mathbf{a}$ が成り立つ.

証明

$\mathbf{a}$ の位数を m とし, $F = \hat{\mathbf{a}}$ とおく. 目標は, アレイとして $\hat{F} = \mathbf{a}$ が成り立つこと, すなわち任意の $n \in \mathbf{Z}$ に対して $\hat{F}(n) = \mathbf{a}_n$ を示すことになる. フーリエ変換の定義によって

$$\hat{F}(n) = F(e_{-n}) \tag{10.16}$$

であり, さらに F の定義 (10.13) によって

$$\lim_{N \to \infty} F_{s_N}(e_{-n}) = F(e_{-n}) \tag{10.17}$$

であることを思い出しておく. ここに $s_N = \sum_{|k| \leq N} \mathbf{a}_k e_k$ である. そこで $N \geq |n|$ のときに式 (10.17) の左辺の数列の各項を計算すると

$$
\begin{array}{rcl}
F_{s_N}(e_{-n}) &=& \dfrac{1}{2\pi}\displaystyle\int_0^{2\pi} s_N(x)e_{-n}(x)dx \qquad (\Leftarrow F_{s_N}\text{の定義式 (6.3)}) \\[2mm]
&=& \dfrac{1}{2\pi}\displaystyle\int_0^{2\pi} \sum_{|k|\le N} \mathbf{a}_k e_k(x)e_{-n}(x)dx \qquad (\Leftarrow s_N\text{の定義より}) \\[2mm]
&=& \displaystyle\sum_{|k|\le N} \mathbf{a}_k \dfrac{1}{2\pi}\int_0^{2\pi} e_k(x)e_{-n}(x)dx \qquad (\Leftarrow \text{積分の線形性}) \\[2mm]
&=& \mathbf{a}_n \qquad (\Leftarrow \text{指標の直交関係式. 第 8 章練習問題 }\boxed{8\text{-}3}\text{ 参照})
\end{array}
$$

この両辺の $N\to\infty$ のときの極限を取ると，式 (10.17) より $F(e_{-n})=\mathbf{a}_n$，そしてこの左辺が式 (10.16) より $\hat{F}(n)$ に等しいから $\hat{F}(n)=\mathbf{a}_n$ となり，定理が証明された． □

定理 10.3 と定理 10.8 をまとめて，ついに次の目標が達成されたのである：

> ❖ **定理 10.9** ❖
> フーリエ変換 $\mathbf{D(T)}\to\mathbf{A}^\infty$ と逆フーリエ変換 $\mathbf{A}^\infty\to\mathbf{D(T)}$ は互いに逆写像である．

練習問題

10-1 正の数 B', B'', x_0 に対し，不等式 $B' + B''x_0 \leq Cx_0$ が成り立つような正の定数 C が存在することを証明せよ．

10-2 $\sum_{n=1}^{\infty} \dfrac{1}{n^2} = \dfrac{1}{1^2} + \dfrac{1}{2^2} + \cdots$ は，収束することを示せ（ヒント：$\dfrac{1}{n^2} < \dfrac{1}{n(n-1)}$ であることを利用せよ）．

10-3 10.3 節の式 (10.13) で定義された F が，任意の定数 $c \in \mathbf{C}$ と任意の関数 $u \in C^{\infty}(\mathbf{T})$ に対して $F(cu) = cF(u)$ をみたすことを示せ．

第11章 デルタ関数の特徴付け

本章では「超関数の台 (support)」というものを定義し，それを用いてデルタ関数の超関数としての特徴付けを与えるのが目標である．離散トモグラフィーの理論に超関数が役立つのは，この特徴付けがあるからこそである．その意味で，本章は本書全体の理論的支柱である．

11.1 超関数の台

まず普通の関数の台の定義から：

❖ 定義 11.1 ❖
$u \in C^\infty(\mathbf{T})$ に対して，その台 $\operatorname{supp} u$ を次式で定義する：

$$\operatorname{supp} u = \overline{\{z \in \mathbf{T}; u(z) \neq 0\}} \qquad (11.1)$$

そして超関数の台は次のように定義される：

❖ 定義 11.2 ❖
超関数 $F \in \mathbf{D}(\mathbf{T})$ に対して，その台 $\operatorname{supp} F$ とは，次のような閉集合 $E \subset \mathbf{T}$ のうちの最小のもののことをいう：

$$u \in C^\infty(\mathbf{T}) \text{ が } \operatorname{supp} u \cap E = \phi$$
$$\text{という条件をみたすならば } F(u) = 0 \qquad (11.2)$$

説明

$u \in C^\infty(\mathbf{T})$ の台が

$$\operatorname{supp} u \cap \{a\} = \phi$$

をみたしているとしよう．これは

$$a \notin \operatorname{supp} u$$

であることと同値である．すると定義 11.1 より

$$a \notin \overline{\{z \in \mathbf{T};\, u(z) \neq 0\}}$$

であり，閉包のほうが元の集合より大きいから

$$a \notin \{z \in \mathbf{T};\, u(z) \neq 0\}$$

も成り立つ．したがって論理として

$$u(a) = 0$$

が成り立つことになる．この左辺はデルタ関数の定義によって $\delta_a(u)$ に等しいから

$$\delta_a(u) = 0$$

となる．つまり定義 11.2 の F として δ_a を取り，E として $\{a\}$ ($\Leftarrow$ もちろん閉集合) を取れば，式 (11.2) が成り立っていることになる．あとは $\{a\}$ が式 (11.2) をみたす<u>最小の</u>閉集合であることを示す必要があるが，一点からなる集合 $\{a\}$ より小さい閉集合は空集合 ϕ のみであり，式 (11.2) の E として ϕ をとり，u として定数関数 $\mathbf{1}$ を取ると，仮定の「$\operatorname{supp} u \cap \phi = \phi$」はもちろん成り立つが，結論は $\delta_a(\mathbf{1}) = 1 \neq 0$ となって成り立たない．これで $\{a\}$ が式 (11.2) をみたす最小の閉集合であることがわかり，$\operatorname{supp} \delta_a = \{a\}$ が示された． □

11.2　台に関する基本補題

次の性質は「離散トモグラフィーの基本補題」といってよい．いろいろなウィンドウについてその零和アレイを求めるときに必ず使うことになるからである．

❖ 命題 11.3 ❖
$F \in \mathbf{D}(\mathbf{T})$, $f \in C^\infty(\mathbf{T})$ に対して，$fF = 0$ ならば $\operatorname{supp} F \subset V_\mathbf{T}(f)$ が成り立つ．

証明

まず $V_\mathbf{T}(f)$ は $\mathbf{T}$ の閉集合であることを注意しておく．なぜなら

$$V_\mathbf{T}(f) = \{z \in \mathbf{T}; f(z) = 0\} = f^{-1}(0) \cap \mathbf{T}$$

表され，$f^{-1}(0)$ は閉集合 $\{0\}$ の逆像として閉集合だからである．そこで式 (11.2) の条件の「E」として $V_\mathbf{T}(f)$ を取ってみる．すなわち $u \in C^\infty(\mathbf{T})$ が

$$\operatorname{supp} u \cap V_\mathbf{T}(f) = \phi \tag{11.3}$$

という条件をみたすと仮定する．この状況で次の主張が成り立つことがキーポイントとなる：

【主張 (A)】
u は f で割り切れる．すなわち $u = fv$ をみたすような $v \in C^\infty(\mathbf{T})$ が存在する．

主張 (A) の証明

まず見やすくするために

$$\begin{aligned} U_1 &= \mathbf{T} - V_\mathbf{T}(f) \\ U_2 &= \mathbf{T} - \operatorname{supp} u \end{aligned}$$

とおこう．どちらも，閉集合の補集合として，$\mathbf{T}$ の開集合であることに注意する．さらに U_1 においてはつねに $f(z) \neq 0$ であるから，$1/f(z)$ は U_1 上の C^∞ 関数であることにも注意しよう．そこで次のように v を定義する：

$$v(z) = \begin{cases} \dfrac{u(z)}{f(z)} & (z \in U_1) \\ 0 & (z \in U_2) \end{cases}$$

ここで U_2 においては定義によって $u(z) = 0$ であり，したがって $U_1 \cap U_2$ においては $u(z)/f(z) = 0$ であるから，上の v は矛盾なく定義されていること，また

$$\begin{aligned} U_1 \cup U_2 &= (\mathbf{T} - V_{\mathbf{T}}(f)) \cup (\mathbf{T} - \operatorname{supp} u) \quad (\Leftarrow U_1, U_2 \text{の定義}) \\ &= \mathbf{T} - (V_{\mathbf{T}}(f) \cap \operatorname{supp} u) \quad (\Leftarrow \text{ド・モルガンの法則}) \\ &= \mathbf{T} - \phi \quad (\Leftarrow \text{式 (11.3) より}) \\ &= \mathbf{T} \end{aligned}$$

であることに注意しよう．したがって，v は $\mathbf{T}$ 全体で定義されており，$v \in C^{\infty}(\mathbf{T})$ であることがわかる．このことから積 fv も $C^{\infty}(\mathbf{T})$ に属するが，計算すると U_1 上では

$$f(z)v(z) = f(z) \cdot \dfrac{u(z)}{f(z)} = u(z)$$

であり，U_2 上では

$$f(z)v(z) = f(z) \cdot 0 = 0 = u(z)$$

となるから，$\mathbf{T}$ 全体で $f(z)v(z) = u(z)$，すなわち $fv = u$ が成り立っていることがわかった． □

次に式 (11.3) の仮定の下で $F(u) = 0$ が成り立つことが次のように示される：

$$\begin{aligned} F(u) &= F(fv) \quad (\Leftarrow \text{主張 (A) より}) \\ &= (fF)(v) \quad (\Leftarrow \text{関数倍 } fF \text{ の定義式 (7.1)}) \\ &= 0 \quad (\Leftarrow \text{命題 11.3 の仮定より}) \end{aligned}$$

したがって $E = V_{\mathbf{T}}(f)$ とすると式 (11.2) が成り立つことがわかった．よって定義 11.2 によって

$$\operatorname{supp} F \subset V_{\mathbf{T}}(f)$$

が成り立ち，命題の証明が終わる． □

11.3　デルタ関数の特徴付け

次の定理が本書の理論的支柱である：

> **❖ 定理 11.4 ❖**
> 超関数 $F \in \mathbf{D}(\mathbf{T})$ の台が $\mathbf{T}$ の一点からなる集合 $\{a\}$ であるとし，F の位数が N であるとする．このとき定数 $c_n \in \mathbf{C}\,(n \leq N)$ が存在して
> $$F = \sum_{n \leq N} c_n D^n \delta_a \tag{11.4}$$
> と表される．

この証明を与えるのが本節の目標であるが，ポイントをしぼりながらいくつかの補題に分けて説明していく．以下 $z \in \mathbf{T}$ を $z = e^{ix}$ と表し，座標 x を用いて議論を進めていく．これは，微分の記号「D」がこの意味の「x」に関する微分であり，定理が微分を含む主張であるからには，座標として x を使うのが筋だからである．次の補題からはじめる：

> **❖ 補題 11.5 ❖**
> (1) $\operatorname{supp} F = \{1\} \subset \mathbf{T}$ という仮定のもとで，もし $u \in C^\infty(\mathbf{T})$ が
>
> $0 \leq n \leq N$ をみたすすべての n に対して $(D^n u)(0) = 0$ をみたす
> $$\tag{11.5}$$
>
> ならば
> $$F(u) = 0 \tag{11.6}$$
> が成り立つ．
>
> (2) $\operatorname{supp} F = \{z_0\} \subset \mathbf{T}$ という仮定のもとで，$e^{ix_0} = z_0$ とする．もし $u \in C^\infty(\mathbf{T})$ が
>
> $0 \leq n \leq N$ をみたすすべての n に対して $(D^n u)(x_0) = 0$ をみたす
>
> ならば

$$F(u) = 0$$

が成り立つ．

補題 11.5 の証明

(1) のみを証明する（(2) は座標を $x' = x - x_0$ に取り替えて以下の証明の「x」をすべて「x'」におきかえればよい）．仮定 (11.5) より，任意の $\epsilon > 0$ に対し，十分 $s > 0$ を小さくとると

$$x \in [-s, s] \text{ ならば } |D^N u(x)| \leq \epsilon \tag{11.7}$$

が成り立っている．そこで $u = f + ig$（u の実部が f，u の虚部が g）とおき，次の2つの不等式が，すべての $x \in [-s, s]$ と $n \leq N$ について成り立つことを示そう：

$$|D^{N-n} f(x)| \leq \epsilon |x|^n \tag{11.8}$$

$$|D^{N-n} g(x)| \leq \epsilon |x|^n \tag{11.9}$$

以下数学的帰納法によって式 (11.8) を証明していく．($\Leftarrow$ 式 (11.9) も同様に証明できる．) $D^N u(x) = D^N f(x) + i D^N g(x)$ であることから $|D^N f(x)| \leq |D^N u(x)| \leq \epsilon$（$\Leftarrow$ 式 (11.7)）であり，$n = 0$ のとき式 (11.8) は成り立っている．次に式 (11.8) が $n = k(< N)$ のとき成り立っていると仮定して，$n = k+1$ のときも成り立つことを証明する．そのために $D^{N-(k+1)} f = \varphi$ とおくと，帰納法の仮定によって

$$|D\varphi(x)| = |DD^{N-(k+1)} f(x)| = |D^{N-k} f(x)| \leq \epsilon |x|^k \tag{11.10}$$

が任意の $x \in [-s, s]$ に対して成り立つ．ここで積分の平均値の定理を $D\varphi$ に適用すると

$$\int_0^x (D\varphi)(t)dt = (D\varphi)(t_0 x)x \tag{11.11}$$

をみたす t_0 ($0 < t_0 < 1$) が存在する．式 (11.11) の左辺は $\varphi(x) - \varphi(0) = \varphi(x)$

(⇐ 仮定 (11.5) より) となるから，式 (11.11) の両辺の絶対値を取って

$$
\begin{aligned}
|\varphi(x)| &= |(D\varphi)(t_0 x)||x| \\
&\leq \epsilon |t_0 x|^k \cdot |x| \quad (\Leftarrow 式 (11.10)\ より) \\
&\leq \epsilon |x|^{k+1} \quad (\Leftarrow 0 < t_0 < 1\ だから)
\end{aligned}
$$

となり，式 (11.8) が $n = k+1$ のときも成り立ち，数学的帰納法によって式 (11.8) がすべての x と $n \leq N$ について成り立つことがわかる．さらに式 (11.8) と式 (11.9) を合わせれば

$$|D^{N-n}u(x)| \leq 2\epsilon |x|^n \tag{11.12}$$

であることもわかった．

次に補助的な関数 $v \in C^\infty(\mathbf{T})$ を次のように取る：

$$v(x) = \begin{cases} 1, & x \in \left[-\dfrac{1}{2}, \dfrac{1}{2}\right] \\ 0, & x \notin (-1, 1) \end{cases}$$

(このような v は第 II 章命題 II.25 の (3) の $b_{1/2}(x)$ として構成されている．) そして正の実数 r に対して

$$v_r(x) = v\left(\frac{x}{r}\right)$$

とおく．定義より $|x| \geq r$ のときは $v_r(x) = 0$，したがってそのすべての高階微分についても $(D^n v_r)(x) = 0$ であることに注意しておこう．ここで積の高階微分に関するライプニッツの公式により

$$D^n(v_r u)(x) = \sum_{m=0}^{n} \binom{n}{m} (D^{n-m} v_r)(x)(D^m u)(x) \tag{11.13}$$

という等式が成り立っているから，積 $v_r u$ の高階微分についても

$$|x| \geq r\ のときは\ D^n(v_r u)(x) = 0 \tag{11.14}$$

が成り立つ．一方 $|x| < r$ のときは，式 (11.13) の「$(D^{n-m} v_r)(x)$」の部分に

11.3 デルタ関数の特徴付け 105

合成関数の微分法を適用すると

$$D^n(v_r u)(x) = \sum_{m=0}^{n} \binom{n}{m} (D^{n-m}v)\left(\frac{x}{r}\right)(D^m u)(x)\left(\frac{1}{r}\right)^{n-m}$$

という等式になり，$n \leq N$ のときこの両辺の絶対値を取ると

$$
\begin{aligned}
|D^n(v_r u)(x)| &\leq \sum_{m=0}^{n} \binom{n}{m} |(D^{n-m}v)\left(\frac{x}{r}\right)||(D^m u)(x)|\left(\frac{1}{r}\right)^{n-m} \\
&\leq \sum_{m=0}^{n} \binom{n}{m} |(D^{n-m}v)\left(\frac{x}{r}\right)|2\epsilon|x|^{N-m}\left(\frac{1}{r}\right)^{n-m} \\
&\quad (\Leftarrow (11.12) \text{より}) \\
&\leq \sum_{m=0}^{n} \binom{n}{m} |(D^{n-m}v)\left(\frac{x}{r}\right)|2\epsilon r^{N-m}\left(\frac{1}{r}\right)^{n-m} \\
&\quad (\Leftarrow |x| < r \text{だから}) \\
&= \sum_{m=0}^{n} \binom{n}{m} |(D^{n-m}v)\left(\frac{x}{r}\right)|2\epsilon r^{N-n} \\
&\leq \sum_{m=0}^{n} \binom{n}{m} \|v\|_{(N)} 2\epsilon r^{N-n} \\
&\quad (\Leftarrow \|v\|_{(N)} \text{の定義より}) \\
&= \|v\|_{(N)} 2\epsilon r^{N-n} \sum_{m=0}^{n} \binom{n}{m} \\
&\quad (\Leftarrow \text{定数を外に出した}) \\
&= \|v\|_{(N)} 2\epsilon r^{N-n} \cdot 2^n \\
&\quad (\Leftarrow \text{二項係数の性質}) \\
&\leq \epsilon C \|v\|_{(N)} \\
&\quad (\Leftarrow C = 2r^{N-n} \cdot 2^N \text{とおいた})
\end{aligned}
$$

したがって，$r < 1$ と取って $C_1 = 2 \cdot 2^N$ とおけば，式 (11.14) と合わせて，N

のみに依存するある正の定数 C_1 が存在して

$$\|v_r u\|_{(N)} \leq \epsilon C_1 \|v\|_{(N)} \tag{11.15}$$

が成り立つことがわかった．

ここで，v_r の定義より，$x \in \left[-\dfrac{r}{2}, \dfrac{r}{2}\right]$ のとき $v_r(x) = 1$ したがって $(v_r - 1)(x) = 0$ であるから，$(v_r - 1)(x)u(x) = 0$ となり

$$\mathrm{supp}((v_r - 1)u) \cap \left(-\dfrac{r}{2}, \dfrac{r}{2}\right) = \phi$$

である．この式と仮定 $\mathrm{supp} F = \{0\}$ より

$$\mathrm{supp}((v_r - 1)u) \cap \mathrm{supp} F = \phi$$

であり，サポートの定義によって

$$F((v_r - 1)u) = 0$$

であることがわかる．したがって

$$F(u) = F(v_r u) \tag{11.16}$$

が成り立つ．以上得られたことを組み合わせると

$$\begin{aligned}
|F(u)| &= |F(v_r u)| &&(\Leftarrow \text{式 (11.16) より}) \\
&\leq C_2 \|v_r u\|_{(N)} &&(\Leftarrow F \text{ の位数が } N \text{ だからこのような } C_2 \text{ が存在}) \\
&\leq \epsilon C_1 C_2 \|v\|_{(N)} &&(\Leftarrow \text{式 (11.15) より})
\end{aligned}$$

となり，この ϵ は任意であったからついに

$$F(u) = 0$$

であることがわかり，補題 11.5 が証明された． □

もう 1 つ補題を用意すれば定理の証明の準備が終わる：

❖ 補題 11.6 ❖

$\mathbf{C}$ 上の線形空間 V と，線形写像 $f_i : V \to \mathbf{C}\,(i = 0, 1, \cdots, n)$ に対し

$$W = \{v \in V ; f_1(v) = 0, \cdots, f_n(v) = 0\}$$

とおく．このとき，もし $f_0(W) = \{0\}$ ならば，f_0 は $f_i\,(i = 1, \cdots, n)$ の線形結合として表される．

補題 11.6 の証明

$n = 1$ の場合：このときは

$$W = \{v \in V ; f_1(v) = 0\}$$

となっている．まず，f_1 が零写像のときは $W = V$ であり，仮定 $f_0(W) = \{0\}$ は $f(V) = \{0\}$ となって，f_0 が零写像であることになる．したがって $f_0 = f_1$ である．よって f_1 が零写像でないときを考えればよい．そこで W に属さない V の元 v_1 をとる．すると $f_1(v_1) \neq 0$ だから $v_1 \neq 0$ であることに注意しておく．そして $f_1(v_1) = c_1\,(\neq 0)$ とおいておく．このとき

$$V = \langle v_1 \rangle \oplus W \tag{11.17}$$

が成り立つ．なぜなら V の任意の元 v に対し，$f_1(v) = a \in \mathbf{C}$ とし，$v_0 = v - \dfrac{a}{c_1}v_1$ とおくと

$$
\begin{array}{rcl}
f_1(v_0) &=& f_1\left(v - \dfrac{a}{c_1}v_1\right) \\
&=& f_1(v) - \dfrac{a}{c_1}f_1(v_1) \quad (\Leftarrow f_1 \text{の線形性}) \\
&=& a - \dfrac{a}{c_1} \cdot c_1 \quad (\Leftarrow f_1(v) = a,\, f_1(v_1) = c_1 \text{であった}) \\
&=& 0
\end{array}
$$

となるから $v_0 \in W$ であり，したがって $v = \dfrac{a}{c_1}v_1 + v_0 \in \langle v_1 \rangle \oplus W$ が成り

立つからである．さて補題を証明するためには $f_0(v_1) = d_1$ とおき，線形写像 $F = f_0 - \dfrac{d_1}{c_1}f_1$ を考えるのがポイントとなる．というのはこの写像の v_1 での値は

$$\begin{aligned}
F(v_1) &= \left(f_0 - \frac{d_1}{c_1}f_1\right)(v_1) \\
&= f_0(v_1) - \frac{d_1}{c_1}f_1(v_1) \quad (\Leftarrow 線形写像の和や定数倍の定義) \\
&= d_1 - \frac{d_1}{c_1}\cdot c_1 \quad (\Leftarrow f_0(v_1) = d_1, f_1(v_1) = c_1 であった) \\
&= 0
\end{aligned}$$

というように 0 になるから，$\langle v_1 \rangle$ の任意の元 kv_1 $(k \in \mathbf{C})$ に対しても $F(kv_1) = kF(v_1) = k\cdot 0 = 0$ となる．しかも W の任意の元 w に対しても

$$\begin{aligned}
F(w) &= \left(f_0 - \frac{d_1}{c_1}f_1\right)(w) \\
&= f_0(w) - \frac{d_1}{c_1}f_1(w) \quad (\Leftarrow 上と同様) \\
&= 0 - \frac{d_1}{c_1}\cdot 0 \quad (\Leftarrow 仮定によって f_0 も W 上で 0) \\
&= 0
\end{aligned}$$

というように，F は $\langle v_1 \rangle$ の元も W の元も 0 にうつす．したがって式 (11.17) より，F は V 全体で 0 となり，$F = f_0 - \dfrac{d_1}{c_1}f_1 = 0$，よって $f_0 = \dfrac{d_1}{c_1}f_1$ と表され，$n = 1$ の場合に補題が証明される．

$n = 2$ の場合：まず f_1 と f_2 が線形従属の場合は $f_2 = k_1 f_1$ $(k_1 \in \mathbf{C})$，あるいは $f_1 = k_2 f_2$ $(k_2 \in \mathbf{C})$ と表されるから，$n = 1$ の場合に帰着されて証明が終わる．したがって f_1 と f_2 が線形独立な場合を考えればよい．そこで $W_1 = \mathrm{Ker}(f_1)$ とおくと，$n = 1$ の場合の証明のように，$f_1(v_1) \neq 0$ となる $v_1 \in V$ を取って

$$V = \langle v_1 \rangle \oplus W_1 \tag{11.18}$$

と表すことができる．さらに f_2 を W_1 に制限した線形写像 $f_2': W_1 \to \mathbf{C}$ を考

えて $W_2 = \mathrm{Ker} f_2'$ とおき，$n = 1$ の場合の証明を適用すると，$f_2'(v_2) \neq 0$ となる $v_2 \in W_1$ を取って

$$W_1 = \langle v_2 \rangle \oplus W_2 \tag{11.19}$$

と表すことができる．この式 (11.18) と式 (11.19) より

$$V = \langle v_1 \rangle \oplus \langle v_2 \rangle \oplus W_2 \tag{11.20}$$

となる．そこで f_1, f_2 の v_1, v_2 での値に注目し，$v_2 \in W_1$ より $f_1(v_2) = 0$ であることに注意して

$$\begin{aligned} f_1(v_1) &= c_{11}, & f_1(v_2) &= 0 \\ f_2(v_1) &= c_{21}, & f_2(v_2) &= c_{22} \end{aligned}$$

とおく．ここで $n = 1$ の場合の証明より，$c_{11} \neq 0, c_{22} \neq 0$ である．そこで

$$w_1 = \frac{1}{c_{11}} v_1 - \frac{c_{21}}{c_{11} c_{22}} v_2 \tag{11.21}$$

$$w_2 = \frac{1}{c_{22}} v_2 \tag{11.22}$$

とおくと，簡単な計算で

$$\begin{aligned} f_1(w_1) &= 1, & f_1(w_2) &= 0 \\ f_2(w_1) &= 0, & f_2(w_2) &= 1 \end{aligned} \tag{11.23}$$

となっていることがわかる．ここで式 (11.21) と式 (11.22) の $\{v_1, v_2\}$ から $\{w_1, w_2\}$ への変換は行列 $\begin{pmatrix} \dfrac{1}{c_{11}} & -\dfrac{c_{21}}{c_{11} c_{22}} \\ 0 & \dfrac{1}{c_{22}} \end{pmatrix}$ で与えられる正則な線形変換であり，したがって $\langle v_1 \rangle \oplus \langle v_2 \rangle = \langle w_1 \rangle \oplus \langle w_2 \rangle$ であること，さらには W_2 は $\mathrm{Ker} f_1 \cap \mathrm{Ker} f_2$ であって補題の記号の W と一致していることに注意すれば

$$V = \langle w_1 \rangle \oplus \langle w_2 \rangle \oplus W \tag{11.24}$$

と表されることがわかる．そこで $f_0(w_1) = d_1, f_0(w_2) = d_2$ とおき，線形写像 $F : V \to \mathbf{C}$ を

$$F = f_0 - d_1 f_1 - d_2 f_2 \tag{11.25}$$

で定義すれば

$$\begin{aligned}
F(w_1) &= f_0(w_1) - d_1 f_1(w_1) - d_2 f_2(w_1) = d_1 - d_1 \cdot 1 - d_2 \cdot 0 = 0 \\
F(w_2) &= f_0(w_2) - d_1 f_1(w_2) - d_2 f_2(w_2) = d_2 - d_1 \cdot 0 - d_2 \cdot 1 = 0
\end{aligned}$$

となり，さらに W の任意の元 w に対しても補題の仮定によって

$$F(w) = f_0(w) - d_1 f_1(w) - d_2 f_2(w) = 0$$

となるから式 (11.24) より F は V 全体で 0 となる．よって式 (11.25) の右辺も 0 に等しく，移項して $f_0 = d_1 f_1 + d_2 f_2$ というように f_0 が f_1, f_2 の線形結合で表され，補題の $n = 2$ の場合の証明が終わる．n が 3 以上の場合も基本的に $n = 2$ の場合と同様に示されるから，補題の証明が完成した．　□

注意 1　上の $n = 2$ の場合の証明は一言でいえば「f_1, f_2 の双対基底 (dual basis) w_1, w_2 ($\Leftarrow$ 式 (11.23) をみたすという意味) を取れば $f_0 = f_0(w_1)f_1 + f_0(w_2)f_2$ と表される」ことを根拠としている．その意味で一般の n についても同様な証明が想像できるのである．また式 (11.21) と式 (11.22) での変換も，「正則な三角行列を行列の基本変形を用いて単位行列へ変換」しているにすぎないわけでやはり自然な論法だといえよう．一方，双対基底を頼みとせずに「商空間」を用いてスマートで自然な証明を与えることもできる．これについては巻末の補説第 IV 章で説明してあるので興味のある方はぜひ参照してほしい．いずれにしても補題 11.6 は線形代数学の本質に関わる深い主張であると思う．

定理 11.4 の証明

さていよいよ定理の証明に入ることができる．まず任意の $u \in \mathbf{C}^\infty(\mathbf{T})$ に対して，$a = e^{ix}$ とおくと

$$
\begin{aligned}
(D^n \delta_a)(u) &= (-1)^n \delta_a(D^n u) \quad (\Leftarrow 超関数の微分の定義式 (7.2)) \\
&= (-1)^n (D^n u)(x) \quad (\Leftarrow デルタ関数の定義より)
\end{aligned}
\tag{11.26}
$$

が成り立っていることに注意する．

そこで，補題 11.6 において $V = \mathbf{C}^\infty(\mathbf{T})$，$n = N+1$ とし

$$f_1 = \delta_a, f_2 = D\delta_a, f_3 = D^2 \delta_a, \cdots, f_{N+1} = D^N \delta_a$$

とおくとそこの W は

$$W = \{u \in \mathbf{C}^\infty(\mathbf{T}); \delta_a(u) = 0, (D\delta_a)(u) = 0, \cdots, (D^N \delta_a)(u) = 0\}$$

となっている．そして式 (11.26) によれば W は

$$W = \{u \in \mathbf{C}^\infty(\mathbf{T}); u(x) = 0, (Du)(x) = 0, \cdots, (D^N u)(x) = 0\}$$

と表すことができる．そこで補題 11.6 の f_0 として F を取ると，補題 11.5 の (2) より

$$F(W) = 0$$

が成り立つのだから補題 11.6 の仮定がみたされており，その結論によって F は $D^i \delta_a$ $(i = 0, \cdots, N)$ の線形結合として表される．これで定理 11.4 が完全に証明された． □

練習問題

11-1 $f, g \in \mathbf{C}^\infty(\mathbf{T})$ に対して $\mathrm{supp}\,(fg) \subset (\mathrm{supp}\,f) \cap (\mathrm{supp}\,g)$ であることを証明せよ．

11-2 $f \in \mathbf{C}^\infty(\mathbf{T})$ と $F \in \mathbf{D}(\mathbf{T})$ に対して $\mathrm{supp}\,(fF) \subset (\mathrm{supp}\,f) \cap (\mathrm{supp}\,F)$ であることを証明せよ．

11-3 超関数 $F \in \mathbf{D}(\mathbf{T})$ の台が $\mathbf{T}$ の有限個の点からなる集合 $\{a_1, \cdots, a_k\}$ であるとし，F の位数が N であるとする．このとき定数 $c_{j,n} \in \mathbf{C}\,(1 \le j \le k,\, 0 \le n \le N)$ が存在して $F = \sum_{l=1}^{k} \sum_{n=0}^{N} c_{j,n} D^n \delta_{a_j}$ と表されることを証明せよ．

11-4 問 3 と同じ仮定の下でさらに $\hat{F}$ が有界であるとする．このとき定数 $c_j \in \mathbf{C}\,(1 \le j \le k)$ が存在して $F = \sum_{j=1}^{k} c_j \delta_{a_j}$ と表されることを証明せよ．

第12章 基本定理の証明

すでに第4章で基本定理を紹介しその威力を見たが，本章はその証明を与えることが目標である．

12.1 基本定理の定式化

❖ 定理 12.1 ❖
任意のウィンドウ $\mathbf{w}$ に対して
$$\dim \mathbf{A}_{\mathbf{w}}^0 = \sharp V_{\mathbf{T}}(m_{\mathbf{w}}) \tag{12.1}$$
が成り立つ．

注意 1 使われている記号については第 3, 4 章参照．

まず「アレイ $\mathbf{a}$ が $\mathbf{A}_{\mathbf{w}}^0$ に属する」という条件が，その逆フーリエ変換 $\hat{\mathbf{a}}$ についてのどのような条件になるか，ということから考えたい．そのために1つ記号を導入する：

❖ 定義 12.2 ❖
ローラン多項式 $f(z)$ に対して，ローラン多項式 f^* を
$$f^*(z) = f\left(\frac{1}{z}\right)$$
で定義する．

ここで第5章で述べた関係式 $z = e^{ix}$ より $1/z = e^{-ix}$ であり，$e_n(x) = e^{inx}$ であることを思い出せば

$$m_{\mathbf{w}}^*(z) = m_{\mathbf{w}}(e^{-ix}) = \sum_{k \in \mathrm{supp}\,\mathbf{w}} \mathbf{w}_k e_{-k} \qquad (12.2)$$

となっていることに注意しておく．これを用いて次の特徴付けが得られる：

❖ **命題 12.3** ❖

有界なアレイ $\mathbf{a} \in \mathbf{A}^0$ に対して，$\mathbf{a} \in \mathbf{A}_{\mathbf{w}}^0$ であることと $m_{\mathbf{w}}^* \hat{\mathbf{a}} = 0$ であることとは同値である．

証明

以下のように定義をじっくり書き直していくと

$$
\begin{aligned}
m_{\mathbf{w}}^* \hat{\mathbf{a}} = 0 &\iff \widehat{m_{\mathbf{w}}^* \hat{\mathbf{a}}} = 0 && (\Leftarrow \text{定理 10.9 より}) \\
&\iff \forall n \in \mathbf{Z};\ \widehat{m_{\mathbf{w}}^* \hat{\mathbf{a}}}(n) = 0 && (\Leftarrow \text{フーリエ変換の定義式 (9.1)}) \\
&\iff \forall n \in \mathbf{Z};\ (m_{\mathbf{w}}^* \hat{\mathbf{a}})(e_{-n}) = 0 && (\Leftarrow \text{フーリエ係数の定義式 (8.2)}) \\
&\iff \forall n \in \mathbf{Z};\ \hat{\mathbf{a}}(m_{\mathbf{w}}^* e_{-n}) = 0 && (\Leftarrow \text{超関数の関数倍の定義式 (7.1)}) \\
&\iff \forall n \in \mathbf{Z};\ \hat{\mathbf{a}}((\sum_{k \in \mathrm{supp}\,\mathbf{w}} \mathbf{w}_k e_{-k}) e_{-n}) = 0 && (\Leftarrow \text{式 (12.2) より}) \\
&\iff \forall n \in \mathbf{Z};\ \sum_{k \in \mathrm{supp}\,\mathbf{w}} \mathbf{w}_k \hat{\mathbf{a}}(e_{-k} e_{-n}) = 0 && (\Leftarrow \text{超関数の線形性}) \\
&\iff \forall n \in \mathbf{Z};\ \sum_{k \in \mathrm{supp}\,\mathbf{w}} \mathbf{w}_k \hat{\mathbf{a}}(e_{-(k+n)}) = 0 && (\Leftarrow \text{指数法則}) \\
&\iff \forall n \in \mathbf{Z};\ \sum_{k \in \mathrm{supp}\,\mathbf{w}} \mathbf{w}_k \hat{\hat{\mathbf{a}}}(k+n) = 0 \\
& && (\Leftarrow \text{フーリエ係数の定義式 (8.2)}) \\
&\iff \forall n \in \mathbf{Z};\ \sum_{k \in \mathrm{supp}\,\mathbf{w}} \mathbf{w}_k \mathbf{a}_{k+n} = 0 && (\Leftarrow \text{定理 10.9}) \\
&\iff \mathbf{a} \in \mathbf{A}_{\mathbf{w}}^0 && (\Leftarrow \mathbf{A}_{\mathbf{w}}^0 \text{の定義})
\end{aligned}
$$

となり，証明が終わる． □

この命題と第 11 章の命題 11.3 より，次の重要な結果が得られる：

❖ 命題 12.4 ❖
アレイ $\mathbf{a}$ が $\mathbf{a} \in \mathbf{A}_\mathbf{w}^0$ をみたすならば $\operatorname{supp} \hat{\mathbf{a}} \subset V_\mathbf{T}(m_\mathbf{w}^*)$ が成り立つ．

証明

命題 12.3 より，このアレイについて $m_\mathbf{w}^* \hat{\mathbf{a}} = 0$ が成り立っている．したがって命題 11.3 より $\operatorname{supp} \hat{\mathbf{a}} \subset V_\mathbf{T}(m_\mathbf{w}^*)$ が成り立つ． □

そしてこの命題と第 11 章の練習問題 11-4 を合わせて次の定理が得られる：

❖ 定理 12.5 ❖
$V_\mathbf{T}(m_\mathbf{w}^*)$ が有限集合であるとき，任意の $\mathbf{a} \in \mathbf{A}_\mathbf{w}^0$ は
$$\mathbf{a} = \sum_{p \in V_\mathbf{T}(m_\mathbf{w}^*)} c_p \hat{\delta}_p$$
という形で表される．

12.2 基本定理の証明

さていよいよ定理 12.1 の証明に取りかかる．まずは次の補題から：

❖ 補題 12.6 ❖
k 個の相異なる点 $p_1, \cdots, p_k \in \mathbf{T}$ に対し $\delta_{p_1}, \cdots, \delta_{p_k}$ は線形独立である．

証明

フーリエ変換は同型写像であった（$\Leftarrow$ 定理 10.9）から，$\hat{\delta}_{p_1}, \cdots, \hat{\delta}_{p_k}$ が線形独立であるを示せばよい．ここで第 8 章の例 1 より $\hat{\delta}_p = (p^{-n})_{n \in \mathbf{Z}}$ であったことを思い出そう．そこでその $n = 0, -1, -2, \cdots, -(k-1)$ での値を取り出すと
$$(1, p, p^2, \cdots, p^{k-1})$$
というベクトルになる．したがって $\hat{\delta}_{p_1}, \cdots, \hat{\delta}_{p_k}$ の $n = 0, -1, -2, \cdots, -(k-1)$

での値を取り出して並べると

$$\begin{pmatrix} 1 & p_1 & p_1^2 & \cdots & p_1^{k-1} \\ 1 & p_2 & p_2^2 & \cdots & p_2^{k-1} \\ & & \cdots & & \\ 1 & p_k & p_k^2 & \cdots & p_k^{k-1} \end{pmatrix} \tag{12.3}$$

という行列になり，その行列式はいわゆる「ファンデルモンドの行列式」であって 0 でない（⇐ 練習問題 12-3 参照）．よって $\hat{\delta}_{p_1}, \cdots, \hat{\delta}_{p_k}$ は線形独立であり，したがって $\delta_{p_1}, \cdots, \delta_{p_k}$ は線形独立である． □

もう 1 つ簡単な補題を述べておく：

❖ 補題 12.7 ❖
任意の $p \in V_\mathbf{T}(m_\mathbf{w}^*)$ に対して $\hat{\delta}_p \in \mathbf{A}_\mathbf{w}^0$ である．

証明

まず $p = e^{i\alpha}$ ($\alpha \in \mathbf{R}$) とおく．すると任意の $n \in \mathbf{Z}$ に対して

$$\begin{aligned}
d_{\mathbf{w}+n}(\hat{\delta}_p) &= \sum_{k \in \mathbf{Z}} \mathbf{w}_{k-n} \hat{\delta}_p(k) & (\Leftarrow 次数の定義) \\
&= \sum_{k \in \mathbf{Z}} \mathbf{w}_{k-n} \delta_p(e_{-k}) & (\Leftarrow フーリエ係数の定義式 (8.2)) \\
&= \sum_{k \in \mathbf{Z}} \mathbf{w}_{k-n} e_{-k}(\alpha) & (\Leftarrow デルタ関数の定義式 (6.9)) \\
&= \sum_{k \in \mathbf{Z}} \mathbf{w}_{k-n} e^{-ik\alpha} & (\Leftarrow e_{-n} の定義式 (8.1)) \\
&= \sum_{k \in \mathbf{Z}} \mathbf{w}_{k-n} p^{-k} & (\Leftarrow p = e^{i\alpha} とおいた) \\
&= \sum_{k' \in \mathbf{Z}} \mathbf{w}_{k'} p^{-(k'+n)} & (\Leftarrow k - n = k' とおいた) \\
&= p^{-n} \sum_{k' \in \mathbf{Z}} \mathbf{w}_{k'} p^{-k'} & (\Leftarrow 定数をくくり出した) \\
&= p^{-n} m_\mathbf{w}^*(p) & (\Leftarrow m_\mathbf{w}^* の定義式 (12.2)) \\
&= 0 & (\Leftarrow p \in V_\mathbf{T}(m_\mathbf{w}^*) だから)
\end{aligned}$$

となるから，$\hat{\delta}_p \in \mathbf{A}_\mathbf{w}^0$ である． □

以下定理 12.1 の証明をはじめるが，話を見通しよくするために 1 つ記号を導入する：

> **❖ 定義 12.8 ❖**
> ウィンドウ $\mathbf{w}$ に対して
> $$\mathrm{Delta}_\mathbf{w} = \left\langle \hat{\delta}_p;\, p \in V_\mathbf{T}(m_\mathbf{w}^*) \right\rangle$$
> と定義する．

注意 2 この右辺は $\mathbf{D}(\mathbf{T})$ において $\hat{\delta}_p\,(p \in V_\mathbf{T}(m_\mathbf{w}^*))$ が生成する線形部分空間という意味である．

定理 12.1 の証明

まず $V_\mathbf{T}(m_\mathbf{w}^*)$ が有限集合のとき，定理 12.5 の内容は，この記号を使うと

$$\mathbf{A}_\mathbf{w}^0 \subset \mathrm{Delta}_\mathbf{w}$$

と表せるし，補題 12.7 の内容は

$$\mathrm{Delta}_\mathbf{w} \subset \mathbf{A}_\mathbf{w}^0$$

と表せる．したがって

$$\mathbf{A}_\mathbf{w}^0 = \mathrm{Delta}_\mathbf{w} \tag{12.4}$$

であり，よって

$$\begin{aligned}
\dim \mathbf{A}_\mathbf{w}^0 &= \dim \mathrm{Delta}_\mathbf{w} && (\Leftarrow \text{式 (12.4) より}) \\
&= \sharp V_\mathbf{T}(m_\mathbf{w}^*) && (\Leftarrow \text{補題 12.6 より}) \\
&= \sharp V_\mathbf{T}(m_\mathbf{w}) && (\Leftarrow \text{練習問題 } \boxed{12\text{-}1}\ \text{より})
\end{aligned}$$

となる．また $V_\mathbf{T}(m_\mathbf{w}^*)$ が無限集合のときは，補題 12.7 より

$$\mathrm{Delta}_\mathbf{w} \subset \mathbf{A}_\mathbf{w}^0$$

であり，補題 12.6 よりこの左辺は無限次元だから

$$\dim \mathbf{A}_{\mathbf{w}}^0 = \infty = \#(V_{\mathbf{T}}(m_{\mathbf{w}}^*))$$

となって，定理 12.1 の証明が終わる. □

12.3　n 次元への一般化

ここまで離散トモグラフィーの基本定理の証明を 1 次元の場合について説明してきたが，n 次元の場合にも全く並行した議論ができ，一般化された理論を組み立てることができる．本節では，その際に必要な記号や概念を導入するとともに，一般の場合の定式化を述べていきたい．したがって本節では，$\mathbf{A}$ と書いたら n 次元のアレイの集合を表す，というように次元の n を固定して話を進めていく．

まず 1 次元の場合の指数関数 e_k は次の形の n 変数関数に一般化される：

❖ 定義 12.9 ❖

任意の $\mathbf{k} = (k_1, \cdots, k_n) \in \mathbf{Z}^n$ と，変数 $(x_1, \cdots, x_n) \in \mathbf{R}^n$ に対して

$$e_{\mathbf{k}}(x_1, \cdots, x_n) = e^{ik_1 x_1} \times \cdots \times e^{ik_n x_n} (= e^{i(k_1 x_1 + \cdots + k_n x_n)})$$

とおく．

また超関数のフーリエ係数，フーリエ変換は次で定義される：

❖ 定義 12.10 ❖

超関数 $F \in \mathbf{D}(\mathbf{T}^n)$ と，任意の $\mathbf{k} \in \mathbf{Z}^n$ に対し，その $\mathbf{k}$ 番目のフーリエ係数 $\hat{F}(\mathbf{k})$ とは

$$\hat{F}(\mathbf{k}) = F(e_{-\mathbf{k}})$$

で与えられる複素数のことである．そしてこれらの値を全部集めてアレイにしたものを F のフーリエ変換とよび，$\hat{F}$ で表す：

$$\hat{F} = (\hat{F}(\mathbf{k}))_{\mathbf{k} \in \mathbf{Z}^n}$$

したがってフーリエ変換は，超関数のなす空間 $\mathbf{D}(\mathbf{T}^n)$ からアレイのなす空間 $\mathbf{A}$ への線形写像を与えている．また逆フーリエ変換も 1 次元のときと同様に次のように定義される：

❖ 定義 12.11 ❖
任意のアレイ $\mathbf{a} = (\mathbf{a_k})_{\mathbf{k} \in \mathbf{Z}^n}$ に対し，$\sum_{\mathbf{k} \in \mathbf{Z}^n} \mathbf{a_k} e_{\mathbf{k}}$ を $\mathbf{a}$ の逆フーリエ変換といい，$\hat{\mathbf{a}}$ で表す：

$$\hat{\mathbf{a}} = \sum_{\mathbf{k} \in \mathbf{Z}^n} \mathbf{a_k} e_{\mathbf{k}}$$

この右辺も 1 次元のときと同様に超関数として収束することが示される．
n 次元のデルタ関数の定義も 1 次元の場合と全く同様である：

❖ 定義 12.12 ❖
任意の $\mathbf{p} = (p_1, \cdots, p_n) \in \mathbf{T}^n$ に対し，$\mathbf{p}$ におけるデルタ関数 $\delta_{\mathbf{p}}$ を，任意の $u \in C^{\infty}(\mathbf{T}^n)$ に対して

$$\delta_{\mathbf{p}}(u) = u(\mathbf{p})$$

をみたす超関数として定義する．

このデルタ関数のフーリエ変換は次のようになる（⇐ 練習問題 12-4 参照）：

❖ 命題 12.13 ❖
任意の $\mathbf{p} = (p_1, \cdots, p_n) \in \mathbf{T}^n$ に対し

$$\hat{\delta}_{\mathbf{p}} = (\mathbf{p}^{-\mathbf{k}})_{\mathbf{k} \in \mathbf{Z}^n}$$

が成り立つ．

右辺の「$\mathbf{p}^{-\mathbf{k}}$」は

$$\mathbf{p}^{-\mathbf{k}} = p_1^{-k_1} \times \cdots \times p_n^{-k_n}$$

で定義されていることに注意しよう．これに伴って，命題 12.4 と定理 12.5 も次のように自然に一般化される：

✤ 命題 12.14 ✤
アレイ $\mathbf{a}$ が $\mathbf{a} \in \mathbf{A}_\mathbf{w}^0$ をみたすならば $\operatorname{supp} \hat{\mathbf{a}} \subset V_{\mathbf{T}^n}(m_\mathbf{w}^*)$ が成り立つ．

✤ 定理 12.15 ✤
$V_{\mathbf{T}^n}(m_\mathbf{w}^*)$ が有限集合であるとき，任意の $\mathbf{a} \in \mathbf{A}_\mathbf{w}^0$ は

$$\mathbf{a} = \sum_{\mathbf{p} \in V_{\mathbf{T}^n}(m_\mathbf{w}^*)} c_\mathbf{p} \hat{\delta}_\mathbf{p}$$

という形で表される．

さらに定義 12.8 の空間も自然に一般化される：

✤ 命題 12.16 ✤
n 次元のウィンドウ $\mathbf{w}$ に対し

$$\operatorname{Delta}_\mathbf{w} = \langle \hat{\delta}_\mathbf{p}; \mathbf{p} \in V_{\mathbf{T}^n}(m_\mathbf{w}^*) \rangle$$

と定義する．

この記号の下に，n 次元の離散トモグラフィーの基本定理が次のように定式化される：

✤ 定理 12.17 ✤
n 次元のウィンドウ $\mathbf{w}$ に対し，一般に

$$\operatorname{Delta}_\mathbf{w} \subset \mathbf{A}_\mathbf{w}^0$$
$$\dim \mathbf{A}_\mathbf{w}^0 = \sharp(V_{\mathbf{T}^n}(m_\mathbf{w}^*))$$

が成り立つ．さらに $V_{\mathbf{T}^n}(m_{\mathbf{w}}^*)$ が有限集合であるとき

$$\mathbf{A}_{\mathbf{w}}^0 = \mathrm{Delta}_{\mathbf{w}}$$

である．

1次元のときもそうであったように，この定理の理論的支柱となるのが，定理 11.4 の n 次元版といえる次の定理である：

❖ 定理 12.18 ❖

超関数 $F \in \mathbf{D}(\mathbf{T}^n)$ の台が $\mathbf{T}^n$ の有限個の点からなる集合 $\{\mathbf{p}_1, \cdots, \mathbf{p}_N\}$ であるとし，$\hat{F}$ が有界なアレイであるとする．このとき定数 $c_i \in \mathbf{C}$ ($1 \leq i \leq N$) が存在して

$$F = \sum_{1 \leq i \leq N} c_i \delta_{\mathbf{p}_i} \tag{12.5}$$

と表される．

> **注意 3** 本節で述べた命題や定理の証明は1次元の場合についての証明を自然に一般化すれば得られる．このことはシュヴァルツの超関数の理論自体が1次元から n 次元への移行が自然に得られるように見事につくられている，ということの証左でもある．詳しくは参考文献 [2], [3], [4] を見ていただきたい．

練習問題

12-1 ローラン多項式 f に対して $\sharp V_{\mathbf{T}}(f) = \sharp V_{\mathbf{T}}(f^*)$ である.
　　(ヒント：写像 $\iota: \mathbf{T} \to \mathbf{T}$ を $\iota(z) = 1/z$ で定義すると, ι が $V_{\mathbf{T}}(f)$ から $V_{\mathbf{T}}(f^*)$ への全単射を与えることを証明せよ.)

12-2 恒等的に 0 ではない n 次多項式 $f(x) = a_0 x^n + a_1 x^{n-1} + \cdots + a_{n-1} x + a_n$ $(a_i \in \mathbf{C})$ に対し, $f(x) = 0$ の異なる根の個数は n 個以下であることを示せ.

12-3 12.2 節の式 (12.3) の行列の k 個の行は線形独立であることを, 問題 12-2 を利用して証明せよ.

12-4 任意の $\mathbf{p} = (p_1, \cdots, p_n) \in \mathbf{T}^n$ に対し $\hat{\delta}_{\mathbf{p}} = (\mathbf{p}^{-\mathbf{k}})_{\mathbf{k} \in \mathbf{Z}^n}$ が成り立つことを証明せよ.

第13章 基本定理の応用 I

本章以降,離散トモグラフィーの基本定理 (第 12 章定理 12.17) を用いて,いろいろな形のウィンドウに対するトモグラフィーの問題を解決していく.

13.1 フック型のウィンドウ

3 以上の整数 a に対して,$\mathbf{Z}^2$ の部分集合 $W_{hook}(a)$ を

$$W_{hook}(a) = \{(0, 0), (1, 0), \cdots, (a-2, 0), (0, 1)\}$$

と定義し,ウィンドウ $\mathbf{w}_{hook}(a)$ をその特性関数として定義する.たとえば $W_{hook}(4)$ は図 13.1 のアミかけ部分の格子点の集合である:

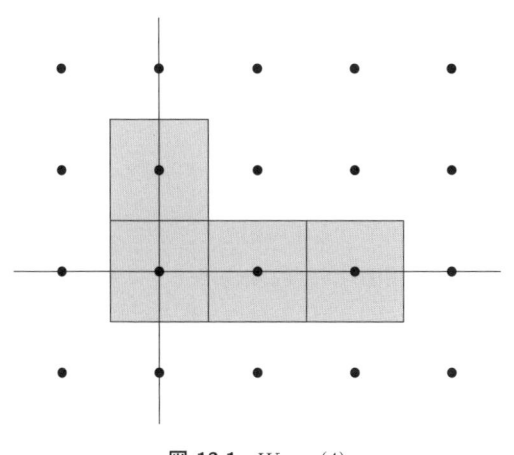

図 13.1 $W_{hook}(4)$

このように,$W_{hook}(a)$ のなかの「a」は含まれる格子点の個数を表していることに注意する.

13.2　特性多項式と零点

まずウィンドウ $\mathbf{w}_{hook}(a)$ の特性多項式 $m_{\mathbf{w}_{hook}(a)}$ は

$$m_{\mathbf{w}_{hook}(a)} = 1 + z + z^2 + \cdots + z^{a-2} + w$$

である（変数は z と w を使っている）．この多項式の $\mathbf{T}^2$ での零点を求めたい．そこで $z = 1$ とおくと，$m_{\mathbf{w}_{hook}(a)} = (a-1) + w$ となるが，$a \geq 3$ と仮定したから $a - 1 \geq 2$ であり，$(a-1) + w$ は絶対値が 1 の w をどのようにとっても 0 にはならない．したがって以後 $z \neq 1$ として議論を進めてよい．すると

$$1 + z + z^2 + \cdots + z^{a-2} + w = \frac{1 - z^{a-1}}{1 - z} + w$$

と変形できるから，方程式 $m_{\mathbf{w}_{hook}(a)} = 0$ は

$$\frac{1 - z^{a-1}}{1 - z} = -w \tag{13.1}$$

と表せる．この両辺の絶対値を取ると，$w \in \mathbf{T}$ であることから

$$\frac{|1 - z^{a-1}|}{|1 - z|} = |-w| = 1$$

したがって

$$|1 - z^{a-1}| = |1 - z|$$

となる．これは，複素平面上で z と 1 の距離と，z^{a-1} と 1 の距離が等しいことを主張している．z も z^{a-1} も $\mathbf{T}$ 上の点であるから，このことから

$$z^{a-1} = z \text{ または } z^{a-1} = z^{-1}$$

であることがわかる（⇐1 を中心とする半径 $|1-z|$ の円は単位円と z か z^{-1} でしか交わらないからである）．したがって

$$z^{a-2} = 1 \text{ または } z^a = 1$$

であることになる．このうち $z^{a-2}=1$ のとき，w の値は

$$\begin{aligned} w &= -\frac{1-z^{a-1}}{1-z} & (\Leftarrow 式(13.1)\text{ より}) \\ &= -\frac{1-z^{a-2}\cdot z}{1-z} \\ &= -\frac{1-z}{1-z} & (\Leftarrow z^{a-2}=1 \text{ だから}) \\ &= -1 \end{aligned}$$

となり，$z^a=1$ のときは

$$\begin{aligned} w &= -\frac{1-z^{a-1}}{1-z} & (\Leftarrow 式(13.1)\text{ より}) \\ &= -\frac{1-z^a\cdot z^{-1}}{1-z} \\ &= -\frac{1-z^{-1}}{1-z} & (\Leftarrow z^a=1 \text{ だから}) \\ &= -\frac{z(1-z^{-1})}{z(1-z)} & (\Leftarrow 分子・分母に z \text{ を掛けた}) \\ &= -\frac{z-1}{z(1-z)} \\ &= z^{-1} \end{aligned}$$

となる．

ここまでで得られた結果をまとめておこう．そのために記号を導入する：

❖ 定義 13.1 ❖

正の整数 n に対し，1 の n 乗根全体の集合を μ_n，そこから 1 を取り除いた集合を μ_n^* と書く．

すると上で得られた結果が次のように簡潔に述べられる：

❖ 命題 13.2 ❖

$a\geq 3$ のとき，ウィンドウ $\mathbf{w}_{hook}(a)$ の $\mathbf{T}^2$ における零点集合は
$$V_{\mathbf{T}^2}(m_{\mathbf{w}_{hook}(a)}) = (\mu_{a-2}^* \times \{-1\}) \cup \{(z,w)\in \mu_a^*\times\mu_a^* ; zw=1\}$$
で与えられる．

そして基本定理によれば $\mathbf{A}^0_{\mathbf{w}_{hook}(a)}$ の次元は $V_{\mathbf{T}^2}(m_{\mathbf{w}_{hook}(a)})$ の元の個数に等しいのであったから，あとは実際にこの個数を数えることが次の問題となる．ここで一般に和集合の元の個数について

$$\sharp(X \cup Y) = \sharp(X) + \sharp(Y) - \sharp(X \cap Y)$$

という公式が成り立つことを思い出そう．したがって命題 13.2 より

$$\begin{aligned}\sharp(V_{\mathbf{T}^2}(m_{\mathbf{w}_{hook}(a)})) &= \sharp\left((\mu^*_{a-2} \times \{-1\}) \cup \{(z,w) \in \mu^*_a \times \mu^*_a;\, zw = 1\}\right) \\ &= \sharp(\mu^*_{a-2} \times \{-1\}) + \sharp(\{(z,w) \in \mu^*_a \times \mu^*_a;\, zw = 1\}) \\ &\quad - \sharp\left((\mu^*_{a-2} \times \{-1\}) \cap \{(z,w) \in \mu^*_a \times \mu^*_a;\, zw = 1\}\right)\end{aligned}$$

この右辺の最後の項について

$$(z,w) \in (\mu^*_{a-2} \times \{-1\}) \cap \{(z,w) \in \mu^*_a \times \mu^*_a;\, zw = 1\}$$

だとすると，$(z,w) \in \mu^*_{a-2} \times \{-1\}$ であることから $w = -1$ であり，これと条件 $zw = 1$ より $z = -1$ となる．しかも $z = -1$ が μ^*_a そして μ^*_{a-2} の元であるのは a が偶数のときに限る．よって

a が偶数のとき

$$(\mu^*_{a-2} \times \{-1\}) \cap \{(z,w) \in \mu^*_a \times \mu^*_a;\, zw = 1\} = \{(-1,-1)\}$$

a が奇数のとき

$$(\mu^*_{a-2} \times \{-1\}) \cap \{(z,w) \in \mu^*_a \times \mu^*_a;\, zw = 1\} = \phi$$

であることがわかった．さらに

$$\sharp(\mu^*_{a-2} \times \{-1\}) = \sharp(\mu^*_{a-2}) = (a-2) - 1 = a - 3$$
$$\sharp\{(z,w) \in \mu^*_a \times \mu^*_a;\, zw = 1\} = \sharp(\mu^*_a) = a - 1$$

であるから，a が偶数のとき

$$\begin{aligned}\sharp(V_{\mathbf{T}^2}(m_{\mathbf{w}_{hook}(a)})) &= \sharp(\mu^*_{a-2} \times \{-1\}) + \sharp(\{(z,w) \in \mu^*_a \times \mu^*_a;\, zw = 1\}) \\ &\quad - \sharp\left((\mu^*_{a-2} \times \{-1\}) \cap \{(z,w) \in \mu^*_a \times \mu^*_a;\, zw = 1\}\right) \\ &= (a-3) + (a-1) - 1 = 2a - 5\end{aligned}$$

a が奇数のとき

$$\begin{aligned}\sharp(V_{\mathbf{T}^2}(m_{\mathbf{w}_{hook}(a)})) &= \sharp\left(\mu_{a-2}^* \times \{-1\}\right) + \sharp(\{(z,w) \in \mu_a^* \times \mu_a^*; zw = 1\}) \\ &\quad - \sharp\left(\left(\mu_{a-2}^* \times \{-1\}\right) \cap \{(z,w) \in \mu_a^* \times \mu_a^*; zw = 1\}\right) \\ &= (a-3) + (a-1) = 2a - 4\end{aligned}$$

となる．以上より，次の結果を得る：

❖ 命題 13.3 ❖

a は 3 以上の整数とする．このとき a が偶数ならば

$$\dim \mathbf{A}^0_{\mathbf{w}_{hook}(a)} = 2a - 5$$

a が奇数ならば

$$\dim \mathbf{A}^0_{\mathbf{w}_{hook}(a)} = 2a - 4$$

である．

13.3　具体例

13.2 節で得られた結果を具体的な a の値について確かめてみる．ここでは $a = 4$ のときに詳しく調べてみることにする．命題 13.3 によればこのとき $\dim \mathbf{A}^0_{\mathbf{w}_{hook}(4)} = 2 \cdot 4 - 5 = 3$ である．また命題 13.2 において $a = 4$ とおくと

$$V_{\mathbf{T}^2}(m_{\mathbf{w}_{hook}(4)}) = (\mu_2^* \times \{-1\}) \cup \{(z,w) \in \mu_4^* \times \mu_4^*; zw = 1\}$$

となる．この右辺のそれぞれの集合は

$$\begin{aligned}\mu_2^* \times \{-1\} &= \{(-1, -1)\} \\ \{(z,w) \in \mu_4^* \times \mu_4^*; zw = 1\} &= \{(i, -i), (-1, -1), (-i, i)\}\end{aligned}$$

となっており，したがって

$$V_{\mathbf{T}^2}(m_{\mathbf{w}_{hook}(4)}) = \{(i,\,-i),\,(-1,\,-1),\,(-i,\,i)\} \tag{13.2}$$

で与えられる（確かに共通部分が $\{(-1,\,-1)\}$ になっていることにも注意しよう）. さらに第 12 章の練習問題 12-1 と同様に, $\iota(z,w) = (z^{-1},\,w^{-1})$ で定義される写像 $\iota: \mathbf{T}^2 \to \mathbf{T}^2$ が $V_{\mathbf{T}^2}(m_{\mathbf{w}_{hook}(4)})$ から $V_{\mathbf{T}^2}(m^*_{\mathbf{w}_{hook}(4)})$ への全単射を与えているから, 式 (13.2) から直ちに

$$\begin{aligned} V_{\mathbf{T}^2}(m^*_{\mathbf{w}_{hook}(4)}) &= \iota\{(i,\,-i),\,(-1,\,-1),\,(-i,\,i)\} \\ &= \{(-i,\,i),\,(-1,\,-1),\,(i,\,-i)\} \end{aligned}$$

であることがわかる. ではこの 3 点に対応するアレイを具体的に構成するにはどうしたらよいか. それには定理 12.15 の等式を使えばよい. すなわち

$$\mathbf{A}^0_{\mathbf{w}} = \mathrm{Delta}_{\mathbf{w}} = \langle \hat{\delta}_{\mathbf{p}};\, \mathbf{p} \in V_{\mathbf{T}^n}(m^*_{\mathbf{w}}) \rangle$$

であり, さらに

$$\hat{\delta}_{\mathbf{p}}(k_1,\,k_2) = p_1^{-k_1} p_2^{-k_2}$$

であった ($\Leftarrow$ 第 12 章練習問題 12-4). そこで $V_{\mathbf{T}^2}(m^*_{\mathbf{w}_{hook}(4)})$ の 3 点に対応するアレイを

$$\mathbf{a}^1 = \hat{\delta}_{(-i,\,i)},\ \mathbf{a}^2 = \hat{\delta}_{(i,\,-i)},\ \mathbf{a}^3 = \hat{\delta}_{(-1,\,-1)}$$

とおくと, それぞれのアレイの $(k_1,\,k_2) \in \mathbf{Z}^2$ での値は

$$\begin{aligned} \mathbf{a}^1_{(k_1,\,k_2)} &= i^{k_1}(-i)^{k_2} = (-1)^{k_2} i^{k_1+k_2} \\ \mathbf{a}^2_{(k_1,\,k_2)} &= (-i)^{k_1} i^{k_2} = (-1)^{k_1} i^{k_1+k_2} \\ \mathbf{a}^3_{(k_1,\,k_2)} &= (-1)^{k_1}(-1)^{k_2} = (-1)^{k_1+k_2} \end{aligned}$$

で与えられる. 図示すると図 13.2〜13.4 のようになる:

図 13.2 アレイ a^1

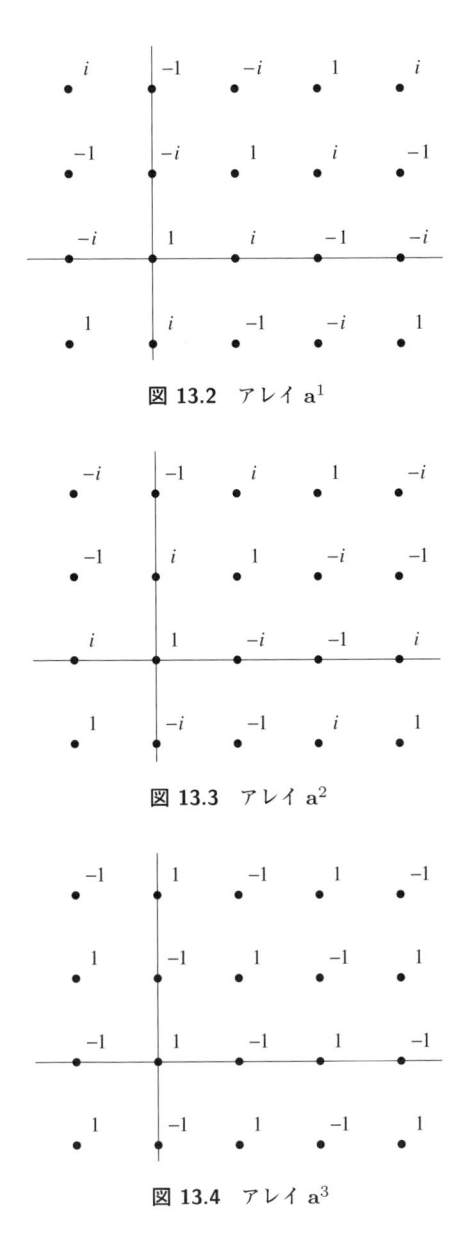

図 13.3 アレイ a^2

図 13.4 アレイ a^3

これらの3つのアレイについて，ウィンドウ $\mathbf{w}_{hook}(4)$ をどこに平行移動して覗いてみても値の和が0であることが見て取れるであろう．

練習問題

13-1 ウィンドウ $\mathbf{w} = \mathbf{w}_{hook}(5)$ について次の問に答えよ.
(1) $V_{\mathbf{T}^2}(m_\mathbf{w})$ を求めよ. ただし $\omega = e^{2\pi i/3}, \zeta = e^{2\pi i/5}$ を用いてよい.
(2) (1) で求めた点それぞれに対して 13.3 節のようにしてつくられるアレイを図示せよ.

13-2 ウィンドウ $\mathbf{w}$ を $\mathbf{Z}^2$ の部分集合 $\{(0,0), (1,0), (2,0), (1,1)\}$ の特性関数として定義する.
(1) $V_{\mathbf{T}^2}(m_\mathbf{w})$ を求めよ.
(2) (1) で求めた点それぞれに対して 13.3 節のようにしてつくられるアレイを図示せよ.

第14章 連立トモグラフィー

本章では，2つあるいはそれ以上のウィンドウに対して同時に零和アレイとなるようなアレイを求める問題「連立トモグラフィー」を考察し，その応用として「周期的なアレイ」も特徴付けできることを見ていくのが目標である．

14.1 連立トモグラフィーとは

$\mathbf{Z}^n$ の r 個のウィンドウ $\mathbf{w}^1, \cdots, \mathbf{w}^r$ が与えられたとき，どのウィンドウに対しても零和アレイとなるアレイの集合を $\mathbf{A}_{\{\mathbf{w}^1, \cdots, \mathbf{w}^r\}}$ と書き，そのうち有界なもの全体を $\mathbf{A}^0_{\{\mathbf{w}^1, \cdots, \mathbf{w}^r\}}$ と書く．すなわち

$$\mathbf{A}_{\{\mathbf{w}^1, \cdots, \mathbf{w}^r\}} = \{\mathbf{a} \in \mathbf{A}; \Delta_{\mathbf{w}^i}(\mathbf{a}) = 0 \ (1 \leq i \leq r)\}$$
$$\mathbf{A}^0_{\{\mathbf{w}^1, \cdots, \mathbf{w}^r\}} = \{\mathbf{a} \in \mathbf{A}^0; \Delta_{\mathbf{w}^i}(\mathbf{a}) = 0 \ (1 \leq i \leq r)\}$$

と定義する．これらの空間を研究するのが「連立トモグラフィー」の目標であるのだが

$$\mathbf{A}_{\{\mathbf{w}^1, \cdots, \mathbf{w}^r\}} = \mathbf{A}_{\mathbf{w}^1} \cap \cdots \cap \mathbf{A}_{\mathbf{w}^r} \tag{14.1}$$

$$\mathbf{A}^0_{\{\mathbf{w}^1, \cdots, \mathbf{w}^r\}} = \mathbf{A}^0_{\mathbf{w}^1} \cap \cdots \cap \mathbf{A}^0_{\mathbf{w}^r} \tag{14.2}$$

と表されることに注意すれば，まさに「連立トモグラフィー」とよぶのにふさわしい問題である．

14.2 連立トモグラフィーの基本定理

実は連立トモグラフィーについても，1個のウィンドウに対する普通のトモグラフィーの基本定理と全く同様な定理が成り立つ，ということを説明するのが本

節の目標である．まず r 個の n 変数ローラン多項式 $f_1, \cdots, f_r$ に対して

$$V_{\mathbf{T}^n}(\{f_1, \cdots, f_r\}) = \{(z_1, \cdots, z_n) \in \mathbf{T}^n; f_i(z_1, \cdots, z_n) = 0 \ (1 \leq i \leq r)\}$$

と定義する．より一般に $\mathbf{T}^n$ の部分集合 X に対して

$$V_X(\{f_1, \cdots, f_r\}) = \{(z_1, \cdots, z_n) \in X; f_i(z_1, \cdots, z_n) = 0 \ (1 \leq i \leq r)\}$$

と定義する．したがって

$$V_X(\{f_1, \cdots, f_r\}) = V_X(f_1) \cap \cdots \cap V_X(f_r) \tag{14.3}$$

である．さらに第 12 章の定義 12.8 にならって

$$\mathrm{Delta}_{\{\mathbf{w}^1, \cdots, \mathbf{w}^r\}} = \left\langle \hat{\delta}_p; p \in V_{\mathbf{T}^n}(\{m^*_{\mathbf{w}^1}, \cdots, m^*_{\mathbf{w}^r}\}) \right\rangle \tag{14.4}$$

とおき，同様に $\mathbf{T}^n$ の部分集合 X に対して

$$\mathrm{Delta}_{X, \{\mathbf{w}^1, \cdots, \mathbf{w}^r\}} = \left\langle \hat{\delta}_p; p \in V_X(\{m^*_{\mathbf{w}^1}, \cdots, m^*_{\mathbf{w}^r}\}) \right\rangle \tag{14.5}$$

とおく．すると連立トモグラフィーの基本定理が次のように簡潔に定式化される：

❖ 定理 14.1 ❖

$V_{\mathbf{T}^n}(\{m^*_{\mathbf{w}^1}, \cdots, m^*_{\mathbf{w}^r}\})$ が有限集合であるとき

$$\mathbf{A}^0_{\{\mathbf{w}^1, \cdots, \mathbf{w}^r\}} = \mathrm{Delta}_{\{\mathbf{w}^1, \cdots, \mathbf{w}^r\}}$$

が成り立つ．したがって

$$\dim \mathbf{A}^0_{\{\mathbf{w}^1, \cdots, \mathbf{w}^r\}} = \sharp(V_{\mathbf{T}^n}(\{m^*_{\mathbf{w}^1}, \cdots, m^*_{\mathbf{w}^r}\}))$$

である．

証明

$\mathbf{A}^0_{\{\mathbf{w}^1, \cdots, \mathbf{w}^r\}} \supset \mathrm{Delta}_{\{\mathbf{w}^1, \cdots, \mathbf{w}^r\}}$ であること：
$p \in V_{\mathbf{T}^n}(\{m^*_{\mathbf{w}^1}, \cdots, m^*_{\mathbf{w}^r}\})$ とすると式 (14.3) より，すべての $i \ (1 \leq i \leq r)$ に対して

$$p \in V_{\mathbf{T}^n}(m^*_{\mathbf{w}^i})$$

が成り立つ．すると定理 12.17 により $\hat{\delta}_p \in \mathbf{A}^0_{\mathbf{w}^i}$ であるから

$$\hat{\delta}_p \in \mathbf{A}^0_{\mathbf{w}^1} \cap \cdots \cap \mathbf{A}^0_{\mathbf{w}^r}$$

である．したがって式 (14.2) より

$$\hat{\delta}_p \in \mathbf{A}^0_{\{\mathbf{w}^1, \cdots, \mathbf{w}^r\}}$$

であり，式 (14.4) の定義より $\mathrm{Delta}_{\{\mathbf{w}^1, \cdots, \mathbf{w}^r\}} \subset \mathbf{A}^0_{\{\mathbf{w}^1, \cdots, \mathbf{w}^r\}}$ であることがわかる．

$\mathbf{A}^0_{\{\mathbf{w}^1, \cdots, \mathbf{w}^r\}} \subset \mathrm{Delta}_{\{\mathbf{w}^1, \cdots, \mathbf{w}^r\}}$ であること：
$\mathbf{a} \in \mathbf{A}^0_{\{\mathbf{w}^1, \cdots, \mathbf{w}^r\}}$ とすると，式 (14.2) よりすべての i $(1 \leq i \leq r)$ に対して

$$\mathbf{a} \in \mathbf{A}^0_{\mathbf{w}^i}$$

が成り立っている．すると命題 12.14 により，すべての i $(1 \leq i \leq r)$ に対して

$$\mathrm{supp}(\hat{\mathbf{a}}) \subset V_{\mathbf{T}^n}(m^*_{\mathbf{w}^i})$$

が成り立つから，式 (14.3) より

$$\mathrm{supp}(\hat{\mathbf{a}}) \subset V_{\mathbf{T}^n}(\{m^*_{\mathbf{w}^1}, \cdots, m^*_{\mathbf{w}^r}\})$$

が成り立つ．仮定によって右辺は有限集合であるから，$V_{\mathbf{T}^n}(\{m^*_{\mathbf{w}^1}, \cdots, m^*_{\mathbf{w}^r}\}) = \{\mathbf{p}_1, \cdots, \mathbf{p}_m\}$ とおくと，定理 12.18 より

$$\mathbf{a} = \sum_{1 \leq j \leq m} c_j \hat{\delta}_{\mathbf{p}_j}$$

と表される．したがって $\mathbf{A}^0_{\{\mathbf{w}^1, \cdots, \mathbf{w}^r\}} \subset \mathrm{Delta}_{\{\mathbf{w}^1, \cdots, \mathbf{w}^r\}}$ であることがわかり，証明が終わる． □

注意 1 ここでも「サポートが有限の超関数はデルタ関数（の線形結合）のみである」という定理が本質的な役割を果たしており，離散トモグラフィーにおけるデルタ関数の重要性が再確認されたことになる．

14.3　連立トモグラフィーの例

$\mathbf{Z}^2$ の 3 つの部分集合

$$\begin{align}\mathbf{W}^1 &= \{(0,0), (1,0), (2,0), (3,0)\} \\ \mathbf{W}^2 &= \{(0,0), (0,1), (0,2), (0,3)\} \\ \mathbf{W}^3 &= \{(0,0), (1,0), (0,1), (1,1)\}\end{align}$$

を考え，それぞれの特性関数としてできるウィンドウを $\mathbf{w}^1, \mathbf{w}^2, \mathbf{w}^3$ とする：

図 14.1　ウィンドウ $\mathbf{w}^1$

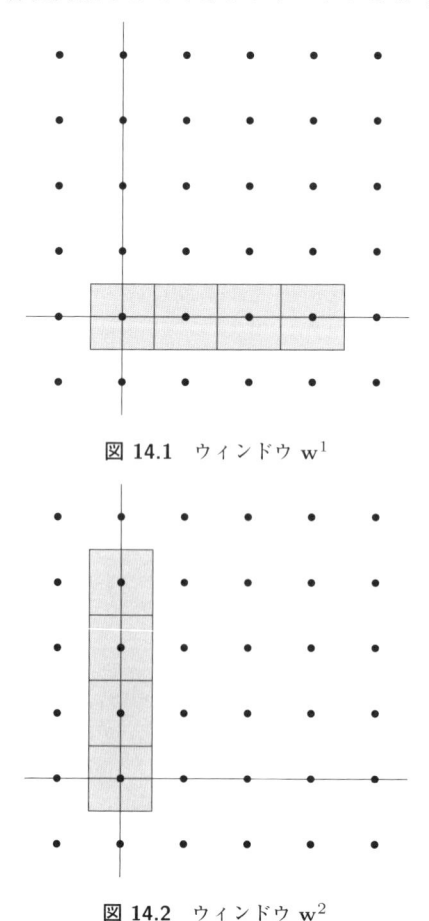

図 14.2　ウィンドウ $\mathbf{w}^2$

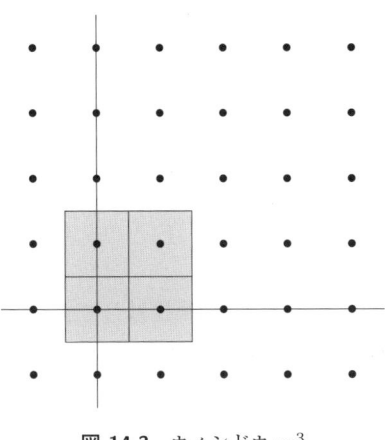

図 14.3 ウィンドウ $\mathbf{w}^3$

この 3 つのウィンドウに関する連立トモグラフィーを考えよう．

注意 2 いわゆる「数独」は 9×9 のマス目で行うが，これはその 4×4 版ともいえるミニチュア版である．ただし正方形のウィンドウ $\mathbf{w}^3$ は普通の数独と違って縦横 1 マスずつ動かせるところが違っており，その差が以下に見るようにこの例の分析を容易にしてくれる．

それぞれの特性多項式は

$$\begin{align}
m_{\mathbf{w}^1} &= 1 + z + z^2 + z^3 \\
m_{\mathbf{w}^2} &= 1 + w + w^2 + w^3 \\
m_{\mathbf{w}^3} &= 1 + z + w + zw = (1+z)(1+w)
\end{align}$$

であるから，それぞれを $= 0$ とおいて根を求めると

$$\begin{align}
1 + z + z^2 + z^3 &= 0 \Rightarrow z = \pm i, -1 \\
1 + w + w^2 + w^3 &= 0 \Rightarrow w = \pm i, -1 \\
(1+z)(1+w) &= 0 \Rightarrow z = -1 \text{ または } w = -1
\end{align}$$

となる．したがって

$$V_{\mathbf{T}^n}(\{m^*_{\mathbf{w}^1}, m^*_{\mathbf{w}^2}, m^*_{\mathbf{w}^3}\}) = \iota(V_{\mathbf{T}^n}(\{m_{\mathbf{w}^1}, m_{\mathbf{w}^2}, m_{\mathbf{w}^3}\}))$$
$$= \{(-1, i), (-1, -i), (i, -1), (-i, -1), (-1, -1)\}$$

であり，この 5 点を順に $p_1, \cdots, p_5$ とおくと

$$\text{Delta}_{\{\mathbf{w}^1, \mathbf{w}^2, \mathbf{w}^3\}} = \langle \hat{\delta}_{p_1}, \cdots, \hat{\delta}_{p_5} \rangle$$

となる．ここで一般に $p = (z_0, w_0) \in \mathbf{T}^2$ に対して $(\hat{\delta}_p)_{(k, l)} = z_0^{-k} w_0^{-l}$ であったから，たとえば $\hat{\delta}_{p_2}$ を図示すると図 14.4 のようになる：

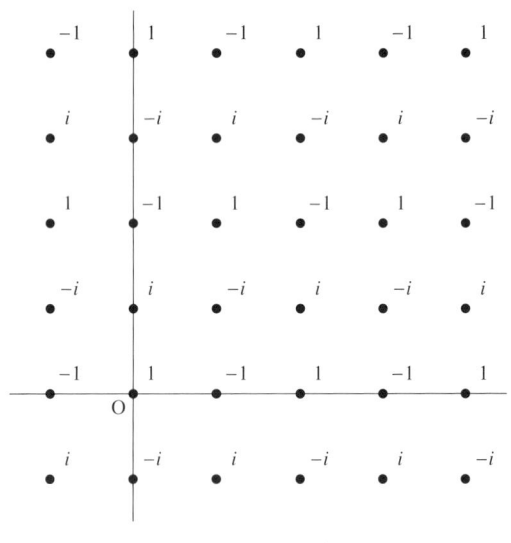

図 **14.4** アレイ $\hat{\delta}_{p_2}$

そして $\hat{\delta}_{p_1}$ は図 14.4 のすべての値をその複素共役で置き換えたもの，$\hat{\delta}_{p_4}$ は図 14.4 を直線 $y = x$ に関して折り返したもの，$\hat{\delta}_{p_3}$ はさらにそれの複素共役を取ったものとなっている．また $\hat{\delta}_{p_5}$ は図 14.5 のようになっている：

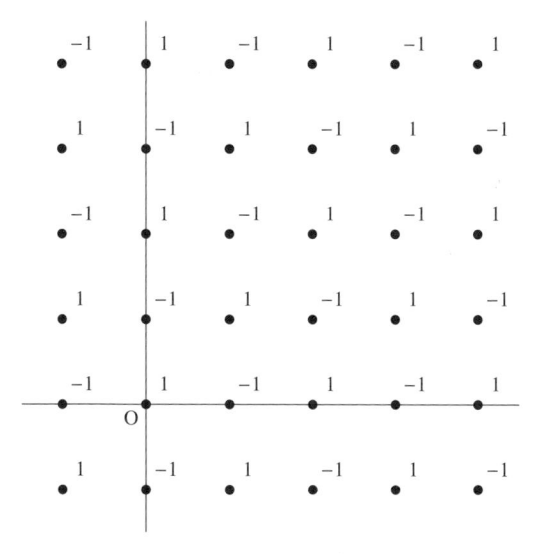

図 14.5 アレイ $\hat{\delta}_{p_5}$

どのアレイについても，はじめの 3 つのウィンドウをどこに動かして見ても和が 0 になっていることが確認できるであろう．

14.4　周期的なアレイ：定義と記号

これまで見てきた例の多くのアレイは「周期的 (periodic)」になっている．たとえば 14.3 節の 1 つ目のアレイは x 軸方向に原点から「$1, -1, 1, -1, 1, \cdots$」というように 2 つずつ繰り返しているし，y 軸方向に見ていくと，原点から「$1, i, -1, -i, 1, \cdots$」というように 4 つずつ繰り返している．このような「周期性」を次のように正確に定義するとともに，周期的なアレイの集合の記号も導入しておく：

> ❖ **定義 14.2** ❖
>
> 正の整数の n 個の組 $(k_1, \cdots, k_n)$ に対して，n 次元のアレイ $\mathbf{a}$ が周期 $(k_1, \cdots, k_n)$ をもつとは，等式
>
> $$\mathbf{a}_{(i_1, \cdots, i_n) + (k_1, \cdots, k_n)} = \mathbf{a}_{(i_1, \cdots, i_n)}$$

がすべての $(i_1, \cdots, i_n) \in \mathbf{Z}^n$ について成り立つことをいう．そして周期 $(k_1, \cdots, k_n)$ をもつアレイの全体を $\mathbf{A}(per(k_1, \cdots, k_n))$ で表し，任意のウィンドウ $\mathbf{w}$ に対して

$$\mathbf{A}_{\mathbf{w}}^0(per(k_1, \cdots, k_n)) = \mathbf{A}_{\mathbf{w}}^0 \cap \mathbf{A}(per(k_1, \cdots, k_n)) \tag{14.6}$$

とおく．同様に r 個のウィンドウ $\mathbf{w}^1, \cdots, \mathbf{w}^r$ に対して

$$\mathbf{A}_{\{\mathbf{w}^1, \cdots, \mathbf{w}^r\}}^0(per(k_1, \cdots, k_n)) = \mathbf{A}_{\{\mathbf{w}^1, \cdots, \mathbf{w}^r\}}^0 \cap \mathbf{A}(per(k_1, \cdots, k_n))$$

とおく．さらに何らかの周期をもつアレイの全体を $\mathbf{A}(per)$ で表し，任意のウィンドウ $\mathbf{w}$ に対して

$$\mathbf{A}_{\mathbf{w}}^0(per) = \mathbf{A}_{\mathbf{w}}^0 \cap \mathbf{A}(per)$$

r 個のウィンドウ $\mathbf{w}^1, \cdots, \mathbf{w}^r$ に対して

$$\mathbf{A}_{\{\mathbf{w}^1, \cdots, \mathbf{w}^r\}}^0(per) = \mathbf{A}_{\{\mathbf{w}^1, \cdots, \mathbf{w}^r\}}^0 \cap \mathbf{A}(per)$$

とおく．

したがってこの記号を使うと，14.3節の1つ目のアレイは周期 $(4, 2)$ をもっているから $\mathbf{A}_{\{\mathbf{w}^1, \mathbf{w}^2, \mathbf{w}^3\}}^0(per(4, 2))$ の元であり，2つ目のアレイは周期 $(2, 2)$ をもつから $\mathbf{A}_{\{\mathbf{w}^1, \mathbf{w}^2, \mathbf{w}^3\}}^0(per(2, 2))$ の元となっている．

14.5 周期的アレイの求め方

まず，周期的なアレイをいくつかのウィンドウの零和アレイとしてとらえることができる，という補題から始める．そのために記号を導入しておく：

❖ 定義 14.3 ❖

正の整数の n 個の組 $(k_1, \cdots, k_n)$ に対して，n 個のウィンドウ $\mathbf{w}(r, k_r)$ $(1 \leq r \leq n)$ を

$$\mathbf{w}(r, k_r)_{(i_1, \cdots, i_n)} = \begin{cases} 1, & (i_1, \cdots, i_n) = k_r \mathbf{e}_r \text{ のとき} \\ -1, & (i_1, \cdots, i_n) = (0, \cdots, 0) \text{ のとき} \\ 0, & \text{それ以外のとき} \end{cases}$$

と定義する（ただし $\mathbf{e}_1, \cdots, \mathbf{e}_n$ は $\mathbf{Z}^n$ の標準基底である）．

たとえば $n = 1$，すなわち 1 次元のときは正の整数 k_1 に対して $\mathbf{w}(1, k_1)$ は $i = k_1$ のとき 1，$i = 0$ のとき -1 で，他は 0 となるウィンドウであり，したがってこのウィンドウをどのように平行移動しても $d_{\mathbf{w}(1,k_1)+i}(\mathbf{a}) = 0$ が成り立つことと，アレイ $\mathbf{a}$ の周期が k_1 であることが同値であることがわかるだろう．これは自然に n 次元の場合に一般化できて次の補題が成り立つ：

❖ 補題 14.4 ❖

正の整数の n 個の組 $(k_1, \cdots, k_n)$ に対して
$$\mathbf{A}(per(k_1, \cdots, k_n)) = \mathbf{A}_{\{\mathbf{w}(1,k_1), \cdots, \mathbf{w}(n,k_n)\}}$$
が成り立つ．

注意 3　周期的なアレイを連立トモグラフィーの問題として見ることを可能にするのがこの補題である．参考文献 [3] ではこの簡明な事実に気づかず，複雑な議論をしてしまったところがあり，その意味で連立トモグラフィーの有用性を示す 1 つの根拠でもある．

さて以下の定理が周期的零和アレイに関する基本定理である．その定式化は前に出てきた 1 の k 乗根全体の集合 μ_k と，それら全部の和集合 $\mu_\infty = \cup_{k \geq 2} \mu_k$ を用いてなされる．

❖ 定理 14.5 ❖

(1) n 次元のウィンドウ $\mathbf{w}$ に対して

$$\mathbf{A}_{\mathbf{w}}^0(per(k_1, \cdots, k_n)) = \mathrm{Delta}_{\mu_{k_1} \times \cdots \times \mu_{k_n}, \mathbf{w}} \tag{14.7}$$

$$\mathbf{A}_{\mathbf{w}}^0(per) = \mathrm{Delta}_{\mu_\infty \times \cdots \times \mu_\infty, \mathbf{w}} \tag{14.8}$$

が成り立つ.

(2) r 個の n 次元のウィンドウ $\mathbf{w}^1, \cdots, \mathbf{w}^r$ に対して

$$\mathbf{A}^0_{\{\mathbf{w}^1, \cdots, \mathbf{w}^r\}}(per(k_1, \cdots, k_n)) = \mathrm{Delta}_{\mu_{k_1} \times \cdots \times \mu_{k_n}, \{\mathbf{w}^1, \cdots, \mathbf{w}^r\}}$$
$$\mathbf{A}^0_{\{\mathbf{w}^1, \cdots, \mathbf{w}^r\}}(per) = \mathrm{Delta}_{\mu_\infty \times \cdots \times \mu_\infty, \{\mathbf{w}^1, \cdots, \mathbf{w}^r\}}$$

が成り立つ.

証明

(1) 補題 14.4 を用いると

$$(*)\ \begin{aligned}\mathbf{A}^0_\mathbf{w}(per(k_1, \cdots, k_n)) &= \mathbf{A}^0_\mathbf{w} \cap \mathbf{A}(per(k_1, \cdots, k_n)) & (\Leftarrow \text{式 (14.6)}) \\ &= \mathbf{A}^0_\mathbf{w} \cap \mathbf{A}_{\{\mathbf{w}(1,k_1), \cdots, \mathbf{w}(n,k_n)\}} & (\Leftarrow \text{補題 14.4}) \\ &= \mathbf{A}^0_{\{\mathbf{w}, \mathbf{w}(1,k_1), \cdots, \mathbf{w}(n,k_n)\}} & (\Leftarrow \text{式 (14.2)})\end{aligned}$$

ここでウィンドウ $\mathbf{w}(r, k_r)$ の特性多項式が必要となるが, それは定義 14.3 より

$$m_{\mathbf{w}(r, k_r)} = -1 + z_r^{k_r}\ (1 \leq r \leq n)$$

という簡単な形である. しかもその零点, すなわち $-1 + z_r^{k_r} = 0$ の根は 1 の k_r 乗根全体 μ_{k_r} だから

$$V_{\mathbf{T}^n}(\{m_{\mathbf{w}(1, k_r)}, \cdots, m_{\mathbf{w}(n, k_n)}\}) = \mu_{k_1} \times \cdots \times \mu_{k_n} \tag{14.9}$$

したがって

$$(**)\ \begin{aligned}V_{\mathbf{T}^n}&(\{m_\mathbf{w}, m_{\mathbf{w}(1, k_r)}, \cdots, m_{\mathbf{w}(n, k_n)}\}) \\ &= V_{\mathbf{T}^n}(m_\mathbf{w}) \cap V_{\mathbf{T}^n}(\{m_{\mathbf{w}(1, k_r)}, \cdots, m_{\mathbf{w}(n, k_n)}\}) & (\Leftarrow \text{式 (14.3)}) \\ &= V_{\mathbf{T}^n}(m_\mathbf{w}) \cap (\mu_{k_1} \times \cdots \times \mu_{k_n}) & (\Leftarrow \text{式 (14.7)}) \\ &= V_{\mu_{k_1} \times \cdots \times \mu_{k_n}}(m_\mathbf{w}) & (\Leftarrow V_{\mu_{k_1} \times \cdots \times \mu_{k_n}} \text{の定義})\end{aligned}$$

となる. この最後の集合は有限集合 $\mu_{k_1} \times \cdots \times \mu_{k_n}$ の部分集合だからもちろん有限集合であり, これに変数の逆数をとる写像 ι を施したものも有限集合で

ある．よって $V_{\mathbf{T}^n}(\{m^*_{\mathbf{w}}, m^*_{\mathbf{w}(1,k_r)}, \cdots, m^*_{\mathbf{w}(n,k_n)}\})$ が有限集合だということがわかる．したがって定理 14.1 より

$$\mathbf{A}^0_{\{\mathbf{w}, \mathbf{w}(i,k_1), \cdots, \mathbf{w}(n,k_n)\}} = \mathrm{Delta}_{\{\mathbf{w}, \mathbf{w}(i,k_1), \cdots, \mathbf{w}(n,k_n)\}}$$

が成り立つ．したがって $(*)$, $(**)$ を合わせれば，定理 14.5 から (1) の式 (14.7) が成り立つことがわかる．また式 (14.8) については次のようにして示すことができる．$\mathbf{a} \in \mathbf{A}^0_{\mathbf{w}}(per)$ とすると，定義 14.2 によって $\mathbf{a} \in \mathbf{A}^0_{\mathbf{w}}(per(k_1, \cdots, k_n))$ となるような正の整数の n 個の組 $(k_1, \cdots, k_n)$ が存在する．したがって式 (14.7) より $\mathbf{a} \in \mathrm{Delta}_{\mu_{k_1} \times \cdots \times \mu_{k_n}, \mathbf{w}}$ であり，定理 14.5 によって $\mathbf{a} \in \mathrm{Delta}_{\mu_\infty \times \cdots \times \mu_\infty, \mathbf{w}}$ となる．逆は今の議論を反対にたどっていけばよい．これで式 (14.8) が証明された．(2) はウィンドウの個数が増えるだけで，本質的に (1) と全く同様である．以上で定理 14.5 の証明が終わる． □

注意 4 定理 14.5 の応用については，第 15 章でいくつかの例を通して見ていきたい．

練習問題

14-1 $\mathbf{Z}^2$ の3つの部分集合

$$\mathbf{W}^1 = \{(i, 0); 0 \leq i \leq 8\}$$
$$\mathbf{W}^2 = \{(0, j); 0 \leq j \leq 8\}$$
$$\mathbf{W}^3 = \{(i, j); 0 \leq i \leq 2, 0 \leq j \leq 2\}$$

を考え，それぞれの特性関数としてできるウィンドウを $\mathbf{w}^1, \mathbf{w}^2, \mathbf{w}^3$ とする．

(1) 特性多項式 $m_{\mathbf{w}^1}, m_{\mathbf{w}^2}, m_{\mathbf{w}^3}$ を求めよ．

(2) $V_{\mathbf{T}^n}(\{m_{\mathbf{w}^1}^*, m_{\mathbf{w}^2}^*, m_{\mathbf{w}^3}^*\})$ および $\dim \mathbf{A}^0_{\{\mathbf{w}^1, \mathbf{w}^2, \mathbf{w}^3\}}$ を求めよ．

14-2 $\mathbf{Z}^2$ の部分集合 $\mathbf{W} = \{(0,0), (1,0), (2,0), (0,1), (2,1)\}$ の特性関数としてできるウィンドウを $\mathbf{w}$ とする．

(1) 特性多項式 $m_{\mathbf{w}}$ を求めよ．

(2) $(z_0, w_0) \in V_{\mathbf{T}^2}(m_{\mathbf{w}})$ ならば $(z_0, w_0) \in V_{\mathbf{T}^2}(m_{\mathbf{w}}^*)$ も成り立つことを証明せよ．

(3) $\mathbf{w}$ に関する有界で周期的な零和アレイは零アレイ $\mathbf{0}$ しか存在しないこと，すなわち $\mathbf{A}^0_{\mathbf{w}}(per) = \{\mathbf{0}\}$ であることを示せ．ただし，2次方程式 $2x^2 + x + 2 = 0$ の根は1のベキ根ではない，という事実を用いてよい．

第15章 基本定理の応用II

本章では，「L字型」および「十字型」のウィンドウに対する離散トモグラフィーの問題を考察する．

15.1 L字型のウィンドウ

$\mathbf{Z}^2$ の部分集合 W_L を

$$W_\mathrm{L} = \{(0,0), (1,0), (2,0), (0,1), (0,2)\}$$

と定義し，ウィンドウ w_L をその特性関数として定義する．したがって W_L は図 15.1 の枠で囲まれた格子点の集合である：

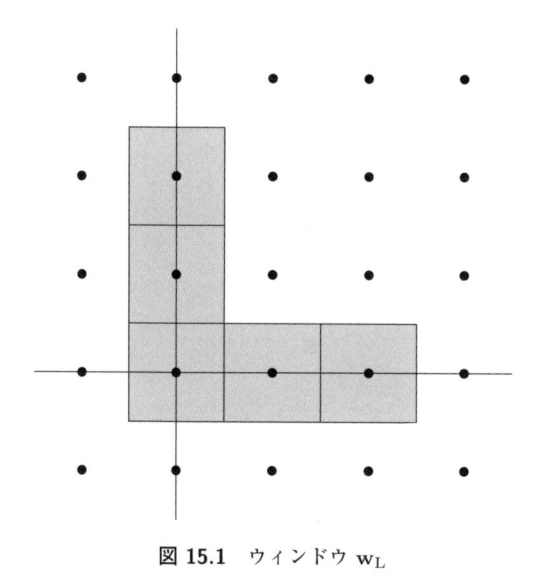

図 15.1 ウィンドウ w_L

ウィンドウ $\mathbf{w}_\mathrm{L}$ の特性多項式は

$$m_{\mathbf{w}_\mathrm{L}} = 1 + z + z^2 + w + w^2$$

であり，この $\mathbf{T}^2$ における零点を求めることが必要なのだが，次に述べる補題が有効な働きをする．一般に $\mathbf{C}$ の部分体 K に対して，あるアレイ $\mathbf{a}$ が K 上定義されている，ということをそのすべての値 $\mathbf{a}_{(i,j)}$ が K に属していることとして定義する．

> **❖ 補題 15.1 ❖**
>
> ウィンドウ $\mathbf{w}$ が $\mathbf{R}$ 上定義されているとする．このとき $(z_0, w_0) \in V_{\mathbf{T}^2}(m_\mathbf{w})$ ならば $(z_0, w_0) \in V_{\mathbf{T}^2}(m_\mathbf{w}^*)$ も成り立つ．したがって
>
> $$V_{\mathbf{T}^2}(m_\mathbf{w}) = V_{\mathbf{T}^2}(m_\mathbf{w}^*) = V_{\mathbf{T}^2}(m_\mathbf{w}) \cap V_{\mathbf{T}^2}(m_\mathbf{w}^*)$$
>
> である．

証明

仮定より

$$m_\mathbf{w}(z_0, w_0) = \sum_{(i,j) \in \mathbf{Z}^2} \mathbf{w}_{(i,j)} z_0^i w_0^j = 0$$

である．この複素共役をとると

$$\overline{\sum_{(i,j) \in \mathbf{Z}^2} \mathbf{w}_{(i,j)} z_0^i w_0^j} = \overline{0} = 0 \tag{15.1}$$

となるが，この左辺は

$$\begin{aligned}
\overline{\sum_{(i,j) \in \mathbf{Z}^2} \mathbf{w}_{(i,j)} z_0^i w_0^j} &= \sum_{(i,j) \in \mathbf{Z}^2} \overline{\mathbf{w}_{(i,j)}}\, \overline{z_0}^i\, \overline{w_0}^j \quad (\Leftarrow \text{複素共役の性質}) \\
&= \sum_{(i,j) \in \mathbf{Z}^2} \mathbf{w}_{(i,j)}\, \overline{z_0}^i\, \overline{w_0}^j \quad (\Leftarrow \mathbf{w}_{(i,j)} \text{が実数だから})
\end{aligned}$$

$$= \sum_{(i,j)\in \mathbf{Z}^2} \mathbf{w}_{(i,j)} z_0^{-i} w_0^{-j} \quad (\Leftarrow z_0, w_0 \in \mathbf{T} \text{ だから})$$
$$= m_{\mathbf{w}}(z_0^{-1}, w_0^{-1}) \quad (\Leftarrow m_{\mathbf{w}} \text{の定義})$$
$$= m_{\mathbf{w}}^*(z_0, w_0) \quad (\Leftarrow m_{\mathbf{w}}^* \text{の定義})$$

と変形できるから式 (15.1) と合わせて

$$m_{\mathbf{w}}^*(z_0, w_0) = 0$$

となる．したがって $(z_0, w_0) \in V_{\mathbf{T}^2}(m_{\mathbf{w}}^*)$ が成り立つ．すなわち

$$V_{\mathbf{T}^2}(m_{\mathbf{w}}) \subset V_{\mathbf{T}^2}(m_{\mathbf{w}}^*) \tag{15.2}$$

であることがいえた．同じ論法を $(z_0, w_0) \in V_{\mathbf{T}^2}(m_{\mathbf{w}}^*)$ という仮定から始めれば，$(m_{\mathbf{w}}^*)^* = m_{\mathbf{w}}$ であることから

$$V_{\mathbf{T}^2}(m_{\mathbf{w}}^*) \subset V_{\mathbf{T}^2}(m_{\mathbf{w}}) \tag{15.3}$$

ということになる．この式 (15.2) と式 (15.3) より

$$V_{\mathbf{T}^2}(m_{\mathbf{w}}) = V_{\mathbf{T}^2}(m_{\mathbf{w}}^*)$$

であることがわかり，補題の証明が終わる． □

この補題をウィンドウ $\mathbf{w}_\mathrm{L}$ に適用していこう．まずその値はすべて 1 か 0 だからもちろん $\mathbf{R}$ 上定義されていて，補題の仮定をみたしている．したがって $V_{\mathbf{T}}(\mathbf{w}_\mathrm{L})$ を求めるためには $V_{\mathbf{T}^2}(\mathbf{w}_\mathrm{L}) \cap V_{\mathbf{T}^2}(\mathbf{w}_\mathrm{L}^*)$ を求めればよい．すなわち連立方程式

$$\begin{cases} m_{\mathbf{w}_\mathrm{L}} = 1 + z + z^2 + w + w^2 = 0 \\ m_{\mathbf{w}_\mathrm{L}}^* = 1 + \dfrac{1}{z} + \dfrac{1}{z^2} + \dfrac{1}{w} + \dfrac{1}{w^2} = 0 \end{cases}$$

を解くことになる．ここで

$$z, w \neq 1 \tag{15.4}$$

であることに注意しておく．なぜなら $z = 1$ を $m_{\mathbf{w}_\mathrm{L}}$ に代入すると $3 + w + w^2$ となって，どんな $w \in \mathbf{T}$ に対しても 0 となることはなく，同様に $w = 1$ も除外さ

れるからである．そこで $m_{\mathbf{w}_\mathrm{L}} - z^2 m_{\mathbf{w}_\mathrm{L}}^*$ を計算していくと

$$
\begin{aligned}
m_{\mathbf{w}_\mathrm{L}} - z^2 m_{\mathbf{w}_\mathrm{L}}^* &= (1+z+z^2+w+w^2) - z^2\left(1+\frac{1}{z}+\frac{1}{z^2}+\frac{1}{w}+\frac{1}{w^2}\right) \\
&= (1+z+z^2+w+w^2) - \left(z^2+z+1+\frac{z^2}{w}+\frac{z^2}{w^2}\right) \\
&= (w+w^2) - \left(\frac{z^2}{w}+\frac{z^2}{w^2}\right) \\
&= w(w+1) - \frac{z^2}{w^2}(w+1) \\
&= (w+1)\left(w - \frac{z^2}{w^2}\right)
\end{aligned}
$$

となるから，上の連立方程式の解は

$$(w+1)\left(w - \frac{z^2}{w^2}\right) = 0$$

もみたさなければならない．したがって

$$w = -1 \text{ または } w^3 = z^2$$

である．以下，場合分けして考えていく．

Case 1：$w = -1$ のとき：$w = -1$ を $m_{\mathbf{w}_\mathrm{L}}$ に代入すると

$$1 + z + z^2 = 0$$

となり，これは z が 1 以外の 1 の 3 乗根であること，すなわち $z \in \mu_3^*$ を意味する．

Case 2：$w^3 = z^2$ のとき：$m_{\mathbf{w}_\mathrm{L}}$ の z^2 を w^3 でおきかえると

$$1 + z + w^3 + w + w^2 = 0$$

となり，したがって

$$z = -(1 + w + w^2 + w^3) \tag{15.5}$$

である．これを $w^3 = z^2$ に代入すると

$$\begin{aligned} w^3 &= (1+w+w^2+w^3)^2 \\ &= 1+2w+3w^2+4w^3+3w^4+2w^5+w^6 \end{aligned}$$

であるから

$$1+2w+3w^2+3w^3+3w^4+2w^5+w^6 = 0$$

という方程式が得られる．これは一見むずかしそうに見えるが，実は次のように因数分解できる：

$$(1+w+w^2)(1+w+w^2+w^3+w^4) = 0$$

したがって

$$w \in \mu_3^* \cup \mu_5^*$$

であることがわかる．このうち $w \in \mu_3^*$ のときは，$1+w+w^2 = 0$, $w^3 = 1$ となるから式 (15.5) より $z = -1$ であり，一方 $w \in \mu_5^*$ のときは $1+w+w^2+w^3+w^4 = 0$ だから式 (15.5) より $z = w^4$ となる．以上で得られたことをまとめて次の命題となる：

> **❖ 命題 15.2 ❖**
>
> ウィンドウ $\mathbf{w}_L$ に対して
>
> $$V(\mathbf{w}_L) = (\mu_3^* \times \{-1\}) \cup (\{-1\} \times \mu_3^*) \cup \{(\zeta_5^{4a}, \zeta_5^a); 1 \leq a \leq 4\}$$
>
> が成り立つ．

しかも，右辺の3つの集合は互いに共通点をもたないから，基本定理によって次の結果を得る：

148　第 15 章　基本定理の応用 II

> **✤ 命題 15.3 ✤**
> ウィンドウ $\mathbf{w}_\mathrm{L}$ に対して
> $$\dim \mathbf{A}^0_{\mathbf{w}_\mathrm{L}} = 8$$
> が成り立つ．

注意 1　対応するアレイを具体的に求めるためには定理 12.15 を用いればよい．

15.2　十字型のウィンドウ

$\mathbf{Z}^2$ の部分集合 W_X を

$$W_\mathrm{X} = \{(0,0), (1,0), (-1,0), (0,1), (0,-1)\}$$

と定義し，ウィンドウ $\mathbf{w}_\mathrm{X}$ をその特性関数として定義する．したがって W_X は図 15.2 のアミかけ部分の格子点の集合である：

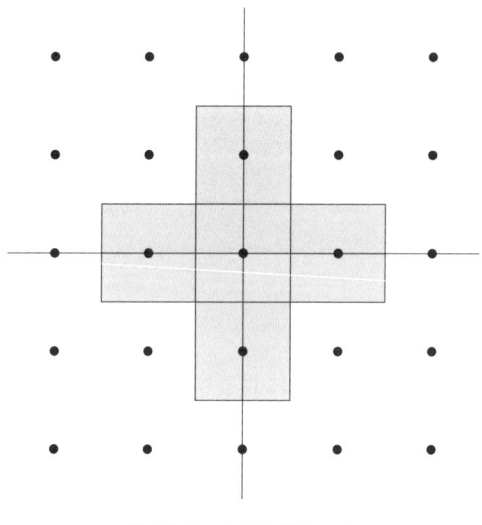

図 15.2　ウィンドウ $\mathbf{w}_\mathrm{X}$

ウィンドウ $\mathbf{w}_X$ の特性多項式は

$$m_{\mathbf{w}_X} = 1 + z + z^{-1} + w + w^{-1}$$

である．この多項式の $\mathbf{T}^2$ における零点を求めるのだが，「複素共役と連立させる」という 15.1 節のテクニックは使えない．なぜならこの複素共役をとっても全く同じ多項式になるからである．そこでこんどは次のアイディアを使う：

$z = e^{ia}, w = e^{ib} (a, b \in \mathbf{R})$ とおいて代入して a, b を求める．

すると

$$\begin{align*} m_{\mathbf{w}_X} &= 1 + e^{ia} + e^{-ia} + e^{ib} + e^{-ib} \\ &= 1 + 2\cos a + 2\cos b \ (\Leftarrow \text{オイラーの公式 } e^{ix} = \cos x + i\sin x \text{ より}) \\ &= 1 + 2(\cos a + \cos b) \end{align*}$$

となる．したがって $V_{\mathbf{T}^2}(m_{\mathbf{w}_X})$ の元は，$\cos a + \cos b = -\frac{1}{2}$，すなわち

$$\cos b = -\cos a - \frac{1}{2} \tag{15.6}$$

をみたすような実数のペア a, b からつくられる．しかし，$-1 \leq \cos a \leq \frac{1}{2}$ のように a を決めれば，$|-\cos a - \frac{1}{2}| \leq 1$ であるから，式 (15.6) をみたす b が決まる．したがって $V_{\mathbf{T}^2}(m_{\mathbf{w}_X})$ は無限集合であることがわかる．よって基本定理から次の命題を得る：

✣ 命題 15.4 ✣

ウィンドウ $\mathbf{w}_X$ に対して

$$\dim \mathbf{A}^0_{\mathbf{w}_X} = \infty$$

が成り立つ．

15.3　十字型のウィンドウ：周期解

では，同じ十字形のウィンドウで周期的なアレイはどのくらいあるか，という問題を考えてみよう．定理 14.5 によれば $V_{\mu_\infty^2}(m_{\mathbf{w}\mathbf{x}})$ を求めることになる．実は，このウィンドウに限らず，一般のウィンドウに対する周期解を求めるときに非常に有効な次の定理がある：

❖ 定理 15.5 ❖　Beukers-Smyth

有理数係数の 2 変数ローラン多項式 $f(x,y)$ に対し，次の 7 つのローラン多項式 $f_i(1 \leq i \leq 7)$ を定義する：

$$
\begin{aligned}
f_1(z,w) &= f(-z, w) \\
f_2(z,w) &= f(z, -w) \\
f_3(z,w) &= f(-z, -w) \\
f_4(z,w) &= f(z^2, w^2) \\
f_5(z,w) &= f(-z^2, w^2) \\
f_6(z,w) &= f(z^2, -w^2) \\
f_7(z,w) &= f(-z^2, -w^2)
\end{aligned}
$$

このとき

$$V_{\mu_\infty^2}(f) = \bigcup_{1 \leq i \leq 7} V(\{f, f_i\})$$

と表される．

注意 2　証明はここでは述べない．参考文献 [5] に 1 変数の場合や具体的なアルゴリズムも含めて詳しい説明がある．

では，さっそく $f = m_{\mathbf{w}\mathbf{x}}$ とおいて，この定理を使ってみよう．

1) $V(\{f, f_1\})$ の決定

この場合 $f_1(z,w) = f(-z, w) = 1 - z - z^{-1} + w + w^{-1}$ であるから，$(z, w) \in$

$V(\{f, f_1\})$ とすると

$$f(z, w) - f_1(z, w) = 2z + 2z^{-1} = 0$$

でなければならない．したがって $z^2 + 1 = 0$ であり，$z = \pm i$ となる．これを f に代入すると

$$f(\pm i, w) = 1 \pm i \mp i + w + w^{-1} = 1 + w + w^{-1} = 0$$

となるから，$w = \zeta_3, \zeta_3^2$ である．以上より

$$V(\{f, f_1\}) = \{(i, \zeta_3), (i, \zeta_3^2), (-i, \zeta_3), (-i, \zeta_3^2)\} \tag{15.7}$$

である．

2) $V(\{f, f_2\})$ の決定

定義より $f_2(z, w) = f(z, -w) = f(-w, z) = f_1(w, z)$ であるから，$V(\{f, f_2\})$ は $V(\{f, f_1\})$ の z と w を入れ替えた集合になる：

$$V(\{f, f_2\}) = \{(\zeta_3, i), (\zeta_3^2, i), (\zeta_3, -i), (\zeta_3^2, -i)\} \tag{15.8}$$

3) $V(\{f, f_3\})$ の決定

定義より $f_3(z, w) = f(-z, -w) = 1 - z - z^{-1} - w - w^{-1}$ であるから，$(z, w) \in V(\{f, f_3\})$ とすると

$$f(z, w) + f_3(z, w) = 2 = 0$$

でなければならない．これはあり得ない．したがって

$$V(\{f, f_3\}) = \phi \tag{15.9}$$

である．

4) $V(\{f, f_4\})$ の決定

定義より $f_4(z, w) = f(z^2, w^2) = 1 + z^2 + z^{-2} + w^2 + w^{-2}$ であるから，連立方程式

$$\begin{cases} 1 + z + z^{-1} + w + w^{-1} = 0 \\ 1 + z^2 + z^{-2} + w^2 + w^{-2} = 0 \end{cases}$$

を解くことになる．しかしこの 2 つを足したり引いたりしても今までと違って簡単な式にならない．そこで次のアイディアを使う．

$z + z^{-1} = Z, w + w^{-1} = W$ とおいて，2 つの式を Z と W で表す

注意 3 このアイディアは，十字形に限らず，原点に関して点対称なウィンドウのときにも使える．

すると $z^2 + z^{-2} = (z + z^{-1})^2 - 2$ であることに注意すれば上の連立方程式が

$$\begin{cases} 1 + Z + W = 0 \\ 1 + (Z^2 - 2) + (W^2 - 2) = 0 \end{cases}$$

となり，整理して

$$\begin{cases} Z + W = -1 & (15.10) \\ Z^2 + W^2 = 3 & (15.11) \end{cases}$$

となる．式 (15.10) より $W = -Z - 1$ であり，式 (15.11) に代入すると

$$Z^2 + (-Z - 1)^2 = 3$$

となり，整理して

$$Z^2 + Z - 1 = 0 \tag{15.12}$$

したがって

$$Z = \frac{-1 \pm \sqrt{5}}{2}, W = \frac{-1 \mp \sqrt{5}}{2} \quad (\text{複号同順})$$

である．あとはもとにもどして

$$z + z^{-1} = \frac{-1 \pm \sqrt{5}}{2} \tag{15.13}$$

$$w + w^{-1} = \frac{-1 \mp \sqrt{5}}{2} \tag{15.14}$$

を解くことになるが，ζ_5 が

$$1 + \zeta_5 + \zeta_5^2 + \zeta_5^3 + \zeta_5^4 = 0$$

をみたすことから両辺を ζ_5^2 で割って

$$\zeta_5^{-2} + \zeta_5^{-1} + 1 + \zeta_5 + \zeta_5^2 = 0$$

したがって

$$(\zeta_5 + \zeta_5^{-1})^2 + (\zeta_5 + \zeta_5^{-1}) - 1 = 0$$

となって式 (15.12) と同じ 2 次方程式になることから式 (15.13) の解は

$$z = \zeta_5, \zeta_5^2, \zeta_5^3, \zeta_5^4$$

がすべてであることがわかる．そして式 (15.13) と式 (15.14) が複号同順であることに注意すれば

$$\begin{aligned} V(\{f, f_4\}) &= \{(\zeta_5, \zeta_5^2), (\zeta_5, \zeta_5^3), (\zeta_5^2, \zeta_5), (\zeta_5^2, \zeta_5^4) \\ & (\zeta_5^3, \zeta_5), (\zeta_5^3, \zeta_5^4), (\zeta_5^4, \zeta_5^2), (\zeta_5^4, \zeta_5^3)\} \end{aligned} \quad (15.15)$$

となる．

5) $V(\{f, f_5\})$ の決定

定義より $f_5(z, w) = f(-z^2, w^2) = 1 - z^2 - z^{-2} + w^2 + w^{-2}$ であるから，4) と同様 $z + z^{-1} = Z$, $w + w^{-1} = W$ とおくと

$$\begin{cases} Z + W = -1 & (15.16) \\ -Z^2 + W^2 = -1 & (15.17) \end{cases}$$

となる．$W = -Z - 1$ を式 (15.17) に代入すると $Z = -1$ となり，したがって $W = 0$．よって $z + z^{-1} = -1$ すなわち $z^2 + z + 1 = 0$ となって，$z = \zeta_3, \zeta_3^2$，$w = \pm i$ である．以上より

$$V(\{f, f_5\}) = \{(\zeta_3, i), (\zeta_3, -i), (\zeta_3^2, i), (\zeta_3^2, -i)\} \quad (15.18)$$

となる．これは $V(\{f, f_2\})$ と等しいことに注意しよう．

6) $V(\{f, f_6\})$ の決定

定義より $f_6(z, w) = f(z^2, -w^2) = f(-w^2, z^2) = f_5(w, z)$ であるから，$V(\{f, f_6\})$ は $V(\{f, f_5\})$ の z と w を入れ替えた集合になる：

$$V(\{f, f_6\}) = \{(i, \zeta_3), (-i, \zeta_3), (i, \zeta_3^2), (-i, \zeta_3^2)\} \tag{15.19}$$

これは $V(\{f, f_1\})$ と等しいことに注意しよう.

7) $V(\{f, f_7\})$ の決定

定義より $f_7(z, w) = f(-z^2, -w^2) = 1 - z^2 - z^{-2} - w^2 - w^{-2}$ であるから, 4) と同様 $z + z^{-1} = Z, w + w^{-1} = W$ とおくと

$$\begin{cases} Z + W = -1 & (15.20) \\ Z^2 + W^2 = 5 & (15.21) \end{cases}$$

となる. $W = -Z - 1$ を式 (15.21) に代入すると $Z^2 + Z - 2 = (Z-1)(Z+2) = 0$ となり, $Z = 1, -2$ よりそれぞれ $W = -2, 1$. したがって

$$V(\{f, f_7\}) = \{(\zeta_6, -1), (\zeta_6^5, -1), (-1, \zeta_6), (-1, \zeta_6^5)\} \tag{15.22}$$

以上の 7 通りの解, 式 (15.7), (15.8), (15.9), (15.15), (15.18), (15.19), (15.22) を合わせて次の命題を得る:

> ❖ **命題 15.6** ❖
>
> ウィンドウ $\mathbf{w}_X$ に対して
>
> $$\begin{aligned} V_{\mu_\infty^2}(m_{\mathbf{w}_X}) = \ & \{(i, \zeta_3), (i, \zeta_3^2), (-i, \zeta_3), (-i, \zeta_3^2) \\ & (\zeta_3, i), (\zeta_3^2, i), (\zeta_3, -i), (\zeta_3^2, -i) \\ & (\zeta_5, \zeta_5^2), (\zeta_5, \zeta_5^3), (\zeta_5^2, \zeta_5), (\zeta_5^2, \zeta_5^4) \\ & (\zeta_5^3, \zeta_5), (\zeta_5^3, \zeta_5^4), (\zeta_5^4, \zeta_5^2), (\zeta_5^4, \zeta_5^3) \\ & (\zeta_6, -1), (\zeta_6^5, -1), (-1, \zeta_6), (-1, \zeta_6^5)\} \end{aligned}$$
>
> が成り立つ. したがって
>
> $$\dim \mathbf{A}_{\mathbf{w}_X}(per) = 20$$
>
> である.

注意 4 対応するアレイを具体的に求めるためには定理 12.15 を用いればよい.

練習問題

15-1　2次元のウィンドウ **w** を

$$\mathbf{w}_{(i,j)} = \begin{cases} 1, \ (i,j) = (1,0), (0,1), (-1,0), (0,-1) \text{ のとき} \\ 2, \ (i,j) = (0,0) \text{ のとき} \\ 0, \text{ それ以外} \end{cases}$$

と定義するとき，$\mathbf{A_w}(per)$ の次元を求めよ．

補説第I章 群

本書を通して重要な役割を果たす $e_n(x) = e^{inx}$ で定義される写像 $e_n : \mathbf{R} \to \mathbf{T}$ や一般の線形写像の性質を，統一的にとらえる視点を与えるのが「群と準同型」の概念である．本章ではその入門的な解説を行う．

I.1 群と準同型

フーリエ変換の基本となる写像 $e_n : \mathbf{R} \to \mathbf{T}$ や，ある線形空間から別の線形空間への線形写像に，共通する特徴はこれらが

$$\text{演算を保存している} \tag{I.1}$$

ことである．この意味するところを群論の最小限の用語を導入しつつ説明していきたい．

I.1.1 演算と群

写像 e_n の定義域の $\mathbf{R}$ は足し算「$+$」という演算をもっており，値域の $\mathbf{T}$ は掛け算「$\times$」という演算をもっている．さらにここで「演算をもっている」とは，どちらも代数学でいうところの「群」をなしている，ということを意味している．ここで，ある集合 G が群である，というのは次の 4 条件（$\Leftarrow$「群の公理 (axiom)」とよばれる）が成り立つことをいう：

(A.1) G の何らかの演算「$\circ$」が定義されている．すなわち，G の任意の元 a, b に対して $a \circ b$ という G の元が定義されている．

(A.2) G は単位元とよばれる元 e をもつ．すなわち，G の任意の元 a に対して $a \circ e = e \circ a = a$ が成り立つ．

(A.3) G の任意の元 a は逆元をもつ．すなわち，$a \circ x = x \circ a = e$ となるような元 x が存在する．

(A.4) G において結合法則が成り立つ．すなわち，G の任意の元 a, b, c に対して $(a \circ b) \circ c = a \circ (b \circ c)$ が成り立つ．

さらに G の任意の元 a, b に対して交換法則「$a \circ b = b \circ a$」が成り立っているとき，G は「可換群」とよばれる．

たとえば，集合 G として実数全体の集合 $\mathbf{R}$ をとり，演算「$+$」を考えると，実数を 2 つ足すとまた実数になるから，公理 (A.1) は成り立っている．さらに「0」は実数であってどんな実数に足しても変わらないから，$\mathbf{R}$ は単位元 0 をもち，公理 (A.2) も成り立つ．また実数 a に対してその符号を変えた実数「$-a$」を足すと $a + (-a) = (-a) + a = 0$ だから a の逆元は $-a$ であり，公理 (A.3) も成り立つ．そして結合法則 (A.4) も成り立っている．したがって，実数の全体 $\mathbf{R}$ は演算「$+$」に関して群をなす，ということがいえる．同じように整数全体 $\mathbf{Z}$ も足し算を演算として群になっている．しかも，これら $\mathbf{R}$ や $\mathbf{Z}$ においては交換法則も成り立っているから，可換群の例にもなっている．

次に 1 次元トーラス $\mathbf{T}$ において演算「$\times$」を考える．まず絶対値が 1 の複素数 z_1, z_2 を掛けると，$|z_1 \times z_2| = |z_1| \times |z_2| = 1 \times 1 = 1$ だから，その結果も絶対値が 1 であり，公理 (A.1) は成り立っている．また「1」は $\mathbf{T}$ の元であって，しかもどんな複素数に掛けても変わらないから，$\mathbf{T}$ は単位元 1 をもち，公理 (A.2) も成り立つ．また $\mathbf{T}$ の元 z に対して，その逆数 $\dfrac{1}{z}$ も $\mathbf{T}$ の元であり，$z \times \dfrac{1}{z} = \dfrac{1}{z} \times z = 1$ だから，z は $\mathbf{T}$ において逆元 $\dfrac{1}{z}$ をもつ．したがって公理 (A.3) も成り立つ．最後の結合法則 (A.4) は複素数の掛け算が結合法則をみたすから成立する．したがって，$\mathbf{T}$ は演算「$\times$」に関して群をなす，ということがいえる．そして $\mathbf{T}$ においても交換法則が成り立っており，$\mathbf{T}$ は可換群である．

I.1.2 準同型

群論において重要な役割をになうのが「準同型」の概念であり，次のように定義される．2 つの群 G_1（演算は「$\circ_1$」）と G_2（演算は「$\circ_2$」）の間の写像 $f : G_1 \to G_2$ が，任意の $a, b \in G_1$ に対して条件

$$f(a \circ_1 b) = f(a) \circ_2 f(b) \tag{I.2}$$

をみたしているとき

> f は G_1 から G_2 への準同型である

という．I.1.1 項で e_n の定義域 $\mathbf{R}$ は演算「$+$」に関して群であり，値域 $\mathbf{T}$ は演算「$\times$」に関して群であることを見たのだが，頭に入れておくべきなのは

> e_n は $\mathbf{R}$ から $\mathbf{T}$ への準同型である

ということである．実際に等式 (I.2) を写像 e_n について試してみよう．一般論の演算「$\circ_1$」にあたるのが $G_1 = \mathbf{R}$ での演算「$+$」，演算「$\circ_2$」にあたるのが $G_2 = \mathbf{T}$ での演算「$\times$」であるから，等式 (I.2) は

$$e_n(a+b) = e_n(a) \times e_n(b) \tag{I.3}$$

が成り立つことを要請している．ところが左辺は

$$e_n(a+b) = e^{in(a+b)}$$

であり，右辺は

$$\begin{aligned} e_n(a) \times e_n(b) &= e^{ina} \times e^{inb} \\ &= e^{in(a+b)} \quad (\Leftarrow \text{指数法則}) \end{aligned}$$

となるから，確かに等式 (I.3) が成り立っている．よって e_n は準同型であることが確かめられた．

次に線形写像も準同型の一例であることを見てみよう．たとえば

$$p_1(x, y) = x \tag{I.4}$$

で定義される平面から直線への射影写像 $p_1 : \mathbf{R}^2 \to \mathbf{R}$ について考えてみる．この写像の定義域 $\mathbf{R}^2$ は

$$(x_1, y_1) + (x_2, y_2) = (x_1 + x_2, y_1 + y_2) \tag{I.5}$$

で定義されるベクトルの足し算「+」に関して群をなしている．なぜなら，単位元は $(0, 0)$ であり，(x, y) の逆元は $(-x, -y)$，そして結合法則も成り立っていて，群の公理 (A.1), (A.2), (A.3), (A.4) がすべて成り立つからである．

また，値域の $\mathbf{R}$ も，実数の足し算「+」に関して群になっていることは先に確認した．したがって p_1 が準同型であるというのは

$$p_1((x_1, y_1) + (x_2, y_2)) = p_1(x_1, y_1) + p_1(x_2, y_2) \tag{I.6}$$

が成り立つ，という主張である．ところがこの左辺は

$$\begin{aligned} p_1((x_1, y_1) + (x_2, y_2)) &= p_1(x_1 + x_2, y_1 + y_2) \quad (\Leftarrow \text{式 (I.5)}) \\ &= x_1 + x_2 \quad (\Leftarrow \text{式 (I.4)}) \end{aligned}$$

となり，一方 (I.6) の右辺は p_1 の定義によって $x_1 + x_2$ となるから，等式 (I.6) が成り立つことが確認された．

I.2 部分群

一般に群 G（演算は「$\circ$」）の部分集合 H がそれ自身で演算「$\circ$」に関して群になっているとき，「H は G の部分群 (subgroup) である」という．すなわち，H が演算「$\circ$」に関して群の4つの公理 (A.1), (A.2), (A.3), (A.4) すべてをみたす，というのが定義だが，実はそのうち2つだけ試せばよい，ということを次の命題が示している：

❖ 命題 I.1 ❖
群 G（演算は「$\circ$」）の空でない部分集合 H について次の2条件
　(S.1) 任意の $h, h' \in H$ に対して $h \circ h' \in H$
　(S.2) 任意の $h \in H$ に対して $h^{-1} \in H$
が成り立つならば，H は G の部分群である．

証明

条件 (S.1) によって H について公理 (A.1) が成り立っている．また条件 (S.2) によって H について公理 (A.3) も成り立っている．さらに 1 つ $h \in H$ を取ると，条件 (S.2) によって $h^{-1} \in H$ が成り立つから，条件 (S.1) の h' として h^{-1} をとると $e = h \circ h^{-1} \in H$ となり，公理 (A.2) も成り立っている．公理 (A.4) については G において成り立っているのだから，その部分集合 H においても当然成り立っている．これで 4 つの公理すべてが H について成り立つことが示されて，証明が完成する． □

例 1.1

実数の加法群 $\mathbf{R}$ において $\mathbf{Z}$ は部分群である．もう少し一般に，任意の実数 $r \in \mathbf{R}$ に対して，r の整数倍全体の集合 $r\mathbf{Z}$ も $\mathbf{R}$ の部分群となる．これを見るためには，条件 (S.1) と (S.2) が成り立つかどうかを調べればよいが，$r\mathbf{R}$ の任意の元 rn, rn' $(n, n' \in \mathbf{Z})$ に対して，$rn + rn' = r(n+n') \in r\mathbf{Z}$ が成り立つから条件 (S.1) がみたされ，$r\mathbf{R}$ の任意の元 rn $(n \in \mathbf{Z})$ に対して，$-(rn) = r(-n) \in r\mathbf{Z}$ が成り立つから条件 (S.2) もみたされるのである．

例 1.2

2 次元平面 $\mathbf{R}^2$ において y 軸 $l_y = \{(0, y); y \in \mathbf{R}\}$ は部分群である．なぜならその任意の元 $(0, y), (0, y')$ に対して $(0, y) + (0, y') = (0, y+y') \in \ell_y$ となって条件 (S.1) がみたされ，$-(0, y) = (0, -y) \in \ell_y$ であるから条件 (S.2) もみたされるからである．

I.3 　準同型の核と像

　線形代数学では，線形写像の「核」や「像」が重要なはたらきをするが，実はこれらは群の準同型に対して一般に定義されており，しかもそれぞれが部分群になる，ということを見ていく．

　群 G_1（単位元が e_1）から G_2（単位元が e_2）への準同型 $f : G_1 \to G_2$ に対して，その「核 (kernel)」とよばれる G_1 の部分集合 $Ker(f)$ が次のように定義される：

$$Ker(f) = \{a \in G_1 ; f(a) = e_2\}$$

　また，準同型 f の「像 (image)」とよばれる G_2 の部分集合 $Im(f)$ が次のように定義される：

$$Im(f) = \{f(a) ; a \in G_1\}$$

これらが部分群であることが次の命題で示される：

❖ 命題 I.2 ❖
上の状況で
(1) 　$Ker(f)$ は G_1 の部分群である．
(2) 　$Im(f)$ は G_2 の部分群である．

証明

　どちらも命題 I.1 の 2 条件 (S.1), (S.2) が成り立つことを確認することで示される．

☐ **(1)** 任意の $g_1, g_1' \in Ker(f)$ に対して

$$\begin{aligned} f(g_1 \circ_1 g_1') &= f(g_1) \circ_2 f(g_1') \quad (\Leftarrow f \text{ が準同型だから}) \\ &= e_2 \circ_2 e_2 \quad (\Leftarrow g_1, g_1' \in Ker(f)) \\ &= e_2 \quad (\Leftarrow e_2 \text{ は } G_2 \text{ の単位元だから}) \end{aligned}$$

となるから核の定義によって $g_1 \circ_1 g_1' \in Ker(f)$ が成り立ち条件 (S.1) が示される．

また，任意の $g_1 \in Ker(f)$ に対して

$$\begin{aligned} f(g_1^{-1}) &= f(g_1)^{-1} \quad (\Leftarrow f \text{ が準同型だから．練習問題 I-2 (2)}) \\ &= e_2^{-1} \quad (\Leftarrow g_1 \in Ker(f)) \\ &= e_2 \quad (\Leftarrow \text{練習問題 I-1 (1)}) \end{aligned}$$

となるから核の定義によって条件 (S.2) が示される．したがって $Ker(f)$ は G_1 の部分群である．

□ (2) 任意の $g_2, g_2' \in Im(f)$ に対して

像の定義によって $g_2 = f(g_1), g_2' = f(g_1')$ をみたす $g_1, g_1' \in G_1$ が存在するから

$$\begin{aligned} g_2 \circ_2 g_2' &= f(g_1) \circ_2 f(g_1') \\ &= f(g_1 \circ_1 g_1') \quad (\Leftarrow f \text{ は準同型}) \\ &\in Im(f) \quad (\Leftarrow \text{像の定義}) \end{aligned}$$

となるから条件 (S.1) が示される．また任意の $g_2 \in Im(f)$ に対して $g_2 = f(g_1)$ をみたす $g_1 \in G_1$ が存在し

$$\begin{aligned} g_2^{-1} &= f(g_1)^{-1} \\ &= f(g_1^{-1}) \quad (\Leftarrow f \text{ が準同型だから．練習問題 I-2 (2)}) \\ &\in Im(f) \end{aligned}$$

となるから条件 (S.2) も示される．したがって $Im(f)$ は G_2 の部分群である．

□

例 I.3

トーラス $\mathbf{T}$ の任意の元 z を z^n に写す写像を f_n とする：$f_n(z) = z^n$. このとき $|z| = 1$ であるから $|z^n| = |z|^n = 1$ となり, z^n もまた $\mathbf{T}$ の元である. したがって f_n は $\mathbf{T}$ から $\mathbf{T}$ への写像である. しかも準同型になっている. なぜなら任意の $z_1, z_2 \in \mathbf{T}$ に対して

$$f(z_1 \times z_2) = (z_1 \times z_2)^n = z_1^n \times z_2^n = f(z_1) \times f(z_2)$$

が成り立つからである. この準同型 $f_n : \mathbf{T} \to \mathbf{T}$ について核と像を求めよう.

まず, 像のほうは, 任意の $w \in \mathbf{T}$ に対して $w = z^n$ となる複素数 z が存在することに注意する ($\Leftarrow$ 任意の n 次方程式は複素数根をもつから). しかもこのとき $1 = |w| = |z^n| = |z|^n$ であることより $|z| = 1$ となるから, この z は $\mathbf{T}$ に属している. したがって f_n は全射であり, $Im(f_n) = \mathbf{T}$ であることがわかった. 核については $z \in Ker(f_n)$ とは $f_n(z) = 1$ ($\Leftarrow 1 \in \mathbf{T}$ が $\mathbf{T}$ の単位元), すなわち $z^n = 1$ が成り立つ, ということであるから

$$\mu_n = \{z \in \mathbf{T}; z^n = 1\}$$

とおくと $Ker(f_n) = \mu_n$ と表される. したがって命題 I.2 によれば μ_n は $\mathbf{T}$ の部分群である. この μ_n は「1 の n 乗根全体の集合」であり, 第 14 章で周期的なアレイを求めるときに重要な役割を果たす.

練習問題

I-1 群 G（演算は「$\circ$」，単位元は e とする）において以下のことを示せ．
 (1) $e^{-1} = e$ である．
 (2) $a \in G$ が $a \circ a = a$ をみたすならば $a = e$ である．

I-2 群 G_1（演算は「$\circ_1$」，単位元が e_1）から群 G_2（演算は「$\circ_2$」，単位元が e_2）への準同型 $f : G_1 \to G_2$ に対して以下のことを示せ．
 (1) $f(e_1) = e_2$ である．
 (2) 任意の $a \in G_1$ に対して $f(a^{-1}) = f(a)^{-1}$ である．

I-3 $\mathbf{R}^2$（演算はベクトルとしての足し算）から $\mathbf{R}$（演算は普通の足し算）への写像 $f : \mathbf{R}^2 \to \mathbf{R}$ を $f(x, y) = x + y$ で定義する．
 (1) f は準同型であることを示せ．
 (2) $Ker(f)$ を求めよ．
 (3) $Im(f)$ を求めよ．

補説 第II章 位 相

　本書で使われる「距離」,「閉集合」,「開集合」などの「位相 (topology)」に関する用語・概念について入門的な解説を行うのが本章の目標である.

II.1　距離, 開球, 閉球

　たとえば数直線 $\mathbf{R}$ 上で, 2つの実数「2」と「3.5」の距離は $|2-3.5|=|-1.5|=1.5$ というように, それらの差の絶対値として計算することができる. これはまた $\sqrt{(2-3.5)^2}$ と表すこともできることに注意しておく. 次に xy 平面 $\mathbf{R}^2$ 上で, 2点 $(1,2)$ と $(3,-4)$ の距離は $\sqrt{(1-3)^2+(2-(-4))^2}=\sqrt{4+36}=\sqrt{40}=2\sqrt{10}$ というように計算できる. これらを自然に一般化すれば, n 次元空間 $\mathbf{R}^n$ の2点 $\mathbf{x}=(x_1,\cdots,x_n)$ と $\mathbf{y}=(y_1,\cdots,y_n)$ の距離 $d_n(\mathbf{x},\mathbf{y})$ が

$$d_n(\mathbf{x},\mathbf{y})=\sqrt{\sum_{k=1}^n(x_k-y_k)^2}$$

で定義される. そして距離空間論においては, このような距離がみたす性質のうち3つだけを取り出して, 逆にその3条件をみたすものを (一般化された)「距離」, そして距離が与えられた空間を「距離空間」と定義する:

❖ 定義 II.1 ❖

　集合 $X\,(\neq\phi)$ に対し, 次の3つの条件をみたす関数 $d:X\times X\to\mathbf{R}$ が与えられているとする:

　　(M.1)　任意の $x,y\in X$ に対して $d(x,y)\geq 0$ であり, $d(x,y)=0$ となるのは $x=y$ のときに限る.

(M.2)　任意の $x, y \in X$ に対して $d(x, y) = d(y, x)$.

(M.3)　任意の $x, y, z \in X$ に対して $d(x, z) \leq d(x, y) + d(y, z)$.

このとき d を X 上の距離 (metric) といい，距離が与えられた空間を距離空間 (metric space) という．

注意1　(M.3) の不等式は「三角不等式」とよばれる．普通のことばでいうと，「x から z にまっすぐ行くほうが，y に寄り道して z に行くより近い」ということであり，d_2 や d_3 についてはもちろんのこと，d_n についても成り立っている．

距離空間論においては，この3つの「距離空間の公理」のみからスタートして，「開集合」，「閉集合」さらには「収束」の概念を厳密に定式化していく．その際，もっとも基本的な対象となるのが「開球 (open ball)」および「閉球 (closed ball)」であり，次のように定義される:

❖ 定義 II.2 ❖

距離 d をもつ距離空間 X において，点 $x_0 \in X$ と正の実数 $r > 0$ に対し，集合
$$B_d(x_0, r) = \{x \in X; d(x, x_0) < r\}$$
を，「中心 x_0，半径 r の開球」とよぶ．また，集合
$$D_d(x_0, r) = \{x \in X; d(x, x_0) \leq r\}$$
を，「中心 x_0，半径 r の閉球」とよぶ．

例 II.1

$X = \mathbf{R}$ のとき，たとえば $B_{d_1}(2, 1)$ は，数直線上で2からの距離が1未満の点の全体であり，開区間 $(1, 3)$ となる．一般に，$B_{d_1}(x_0, r)$ は開区間 $(x_0 - r, x_0 + r)$ と一致する．一方，$D_{d_1}(x_0, r)$ は閉区間 $[x_0 - r, x_0 + r]$ と一致する．

例 II.2

$X = \mathbf{R}^2$ のとき，たとえば $B_{d_2}((2,3), 1)$ は，xy 平面上で中心 $(2,3)$，半径 1 の円の内部となる．一般に，$B_{d_2}((x_0, y_0), r)$ は中心 (x_0, y_0)，半径 r の円の内部となる．一方，$D_{d_2}((x_0, y_0), r)$ は中心 (x_0, y_0)，半径 r の円の内部と周の和集合となる．

例 II.3

$X = \mathbf{R}^3$ のとき，たとえば $B_{d_3}((0,0,0), 1)$ は，xyz 空間で中心が原点 $(0,0,0)$，半径 1 の球の内部となる．一方，$D_{d_3}((0,0,0), 1)$ は，中心が原点 $(0,0,0)$，半径 1 の球面とその内部の和集合となる．

注意 2 この例のように 3 次元のときに，「開球」の名前の通りのものになるのだが，どんな次元でも一般論では開球とよぶのがならわしである．また，用いている距離が文脈から明らかなときは，開球や閉球の記号の「d」を省略して，単に「$B(x_0, r)$」，「$D(x_0, r)$」と書く．

II.2 開集合

「開集合」の概念は，開球を用いて次のように定義される：

❖ 定義 II.3 ❖

距離 d をもつ距離空間 X の部分集合 $U \subset X$ は，次の条件をみたすとき開集合 (open subset) とよばれる：

$$\text{すべての } x \in U \text{ に対して}$$
$$B_d(x, \epsilon_x) \subset U$$
$$\text{をみたす正の数 } \epsilon_x \text{ が存在する．} \tag{II.1}$$

当然その名の通り，開球は開集合であってほしいが，次の命題で証明される：

❖ 命題 II.4 ❖

距離空間における開球 $B(x_0, r)$ は開集合である．

証明

$B(x_0, r)$ の任意の点 x に対して

$$\epsilon_x = r - d(x_0, x) \tag{II.2}$$

とおく（$\Leftarrow x \in B(x_0, r)$ だから $d(x_0, x) < r$ であり，$\epsilon_x > 0$ である）．すると任意の $y \in B(x, \epsilon_x)$ に対して

$$\begin{aligned} d(x_0, y) &\leq d(x_0, x) + d(x, y) &&(\Leftarrow \text{三角不等式 (M.3)}) \\ &< d(x_0, x) + \epsilon_x &&(\Leftarrow y \in B(x, \epsilon_x) \text{ だから}) \\ &= r &&(\Leftarrow \text{式 (II.2)}) \end{aligned}$$

となるから，$y \in B(x_0, r)$ が成り立ち，$B(x, \epsilon_x) \subset B(x_0, r)$ であることがわかる．よって定義 II.3 により，$B(x_0, r)$ は開集合である． □

上の状況を平面の場合に図示すると次のようになる（大きい円の内部が $B(x_0, r)$，小さい円の内部が $B(x, \epsilon_x)$ である）：

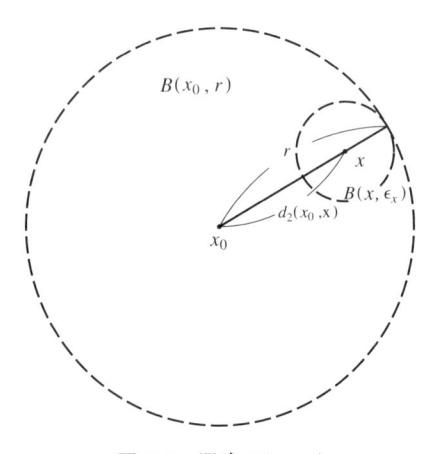

図 II.1 開球 $B(x_0, r)$

つまり，x を中心とする円がちょうど $B(x_0, r)$ と接するように半径 ϵ_x が選ばれているのである．

注意 3 上の証明のなかで，半径を ϵ_x でなく，$\dfrac{\epsilon_x}{2}$ や $\dfrac{\epsilon_x}{3}$ と取っても，$B(x, \epsilon_x)$ よりさらに小さくなって，$B(x_0, r)$ に含まれる円が描けるから，上の証明の ϵ_x を，$\dfrac{\epsilon_x}{2}$ や $\dfrac{\epsilon_x}{3}$ で置き換えても正しい証明になっている．

上の命題とその証明から，次の「開集合の判定法」が得られる：

> **❖ 命題 II.5 ❖**
>
> 距離空間の部分集合 A に対し，次の同値が成り立つ：
>
> $$(1)\ A が開集合 \Leftrightarrow (2)\ A が開球の和集合$$
>
> したがって，特に開集合の和集合は開集合である．

証明

☐ (2) ⇒ (1) の証明

$A = \bigcup_{i \in I} B(x_i, r_i)$ と仮定すると，A の任意の点 x に対して，$x \in B(x_i, r_i)$ となるような $i \in I$ が存在する．このとき命題 II.4 の証明で見たように，$\epsilon_x = r_i - d(x, x_i)$ とおくと $B(x, \epsilon_x) \subset B(x_i, r_i)$ が成り立っている．この右辺はもともと A の部分集合であるから，$B(x, \epsilon_x) \subset A$ となり，開集合の定義 II.3 によって A は開集合である．

☐ (1) ⇒ (2) の証明

A が開集合であると仮定すると，定義 II.3 により，任意の点 $x \in A$ に対して $B(x, \epsilon_x) \subset A$ をみたす $\epsilon_x > 0$ が存在する．したがって

$$\bigcup_{x \in A} B(x, \epsilon_x) \subset A \tag{II.3}$$

である．一方 $x \in B(x, \epsilon_x)$ はもちろん成り立っているから

$$A \subset \bigcup_{x \in A} B(x, \epsilon_x) \tag{II.4}$$

も成り立つ．よって式 (II.3) と式 (II.4) を合わせて

$$A = \bigcup_{x \in A} B(x, \epsilon_x)$$

となり，A が開球の和集合であることが示され，命題 II.5 の証明が終わる．□

例 II.4

$X = \mathbf{R}$ のとき，例 II.1 で見たように開球とは開区間のことであったから，上の命題 II.5 によって

$$(0, 1) \cup (2, 3) \text{ や } (-10, -5.5) \cup (-2, 2) \cup (4, 10)$$

などは $\mathbf{R}$ の開集合である．またこのような有限個の和集合に限らず

$$\bigcup_{n \in \mathbf{Z}} (2n, 2n+1) = \cdots \cup (-2, -1) \cup (0, 1) \cup (2, 3) \cup \cdots$$

のような無限個の開区間の和集合も開集合である．さらに実数 $a \in \mathbf{R}$ に対して，集合 $\{x \in \mathbf{R}; x > a\} = (a, \infty)$ も

$$(a, \infty) = \bigcup_{\substack{x \in \mathbf{R} \\ x \geq a}} (x, x+1) \tag{II.5}$$

と表されるから開集合だし，集合 $\{x \in \mathbf{R}; x < a\} = (-\infty, a)$ も

$$(-\infty, a) = \bigcup_{\substack{x \in \mathbf{R} \\ x \leq a}} (x-1, x) \tag{II.6}$$

と表されるから開集合となる．

II.3　閉集合

開集合と並んで重要なのが「閉集合」の概念であり，次のように定義される：

❖ 定義 II.6 ❖

距離空間 X の部分集合 V は，その補集合 $X \setminus V = \{x \in X; x \notin V\}$ が開集合であるとき，閉集合 (closed subset) であるという．

例 II.5

任意の実数の組 $a, b \in \mathbf{R}$ $(a < b)$ に対して，閉区間 $[a, b] = \{x \in \mathbf{R}; a \leq x \leq b\}$ は閉集合である．なぜなら

$$[a, b] = \mathbf{R} \setminus \{(-\infty, a) \cup (b, \infty)\}$$

であり，右辺の中カッコ { } 内の集合は例 II.4 の式 (II.5) と式 (II.6) より開区間の和集合であって，命題 II.5 より開集合だからである．

例 II.6

任意の実数の組 $a, b \in \mathbf{R}$ $(a < b)$ に対して，半開区間 $(a, b] = \{x \in \mathbf{R}; a < x \leq b\}$ は開集合でも閉集合でもない．まず開集合にならない理由は，どんな正の数 ϵ をとっても

$$B(b, \epsilon) \not\subset (a, b] \tag{II.7}$$

が成り立つからである（⇐ 式 (II.7) が成り立つ理由：左辺には $b + \dfrac{\epsilon}{2}$ が属しているが，右辺には属していないからである）．一方閉集合にならないことの理由は，$\mathbf{R} \setminus (a, b] = (-\infty, a] \cup (b, \infty)$ であって，a を中心とする開球 $B(a, \epsilon)$ について前半と同じ論法が使えて，補集合が開集合ではないからである．

次の命題は一般の距離空間で成り立つ：

❖ 命題 II.7 ❖

(1) 距離空間 X において，その任意の 1 点 $x_0 \in X$ からなる集合 $\{x_0\}$ は閉集合である．

(2) 距離空間において，閉集合の共通部分は閉集合である．

証明

(1) $\{x_0\}$ の補集合 $X \setminus \{x_0\}$ が開集合であることをいえばよいが，これは等式

$$X \setminus \{x_0\} = \bigcup_{x \in X \setminus \{x_0\}} B(x, d(x_0, x)) \tag{II.8}$$

が成り立つことの帰結である．そしてこの等式が成り立つ理由は，$X \setminus \{x_0\}$ の任意の点 x は $B(x, d(x_0, x))$ の点であるから，$X \setminus \{x_0\}$ は等式 (II.8) の右辺の部分集合であり，一方右辺のどの開球も x_0 を含まないから $X - \{x_0\}$ の部分集合になっている．よって等式 (II.8) が成り立つのである．

(2) 閉集合の族 $\{K_i\}_{i \in I}$ に対し，その補集合 $X \setminus K_i$ $(i \in I)$ はすべて開集合だから，命題 II.5 よりその和集合 $\bigcup_{i \in I}(X \setminus K_i)$ も開集合である．ところがド・モルガンの法則より $\bigcup_{i \in I}(X \setminus K_i) = X \setminus \bigcap_{i \in I} K_i$ であるから，共通部分 $\bigcap_{i \in I} K_i$ は閉集合である． □

注意 4 この命題と同様にして，距離空間における閉球が閉集合であることも示すことができる（⇐ 練習問題 II-3 参照）．

II.4 連続写像

❖ 定義 II.8 ❖

2つの距離空間 X（距離は d_X），Y（距離は d_Y）の間の写像 $f: X \to Y$ について次の条件が成り立つとき，f は $x_0 \in X$ において連続である，という：

任意の $\epsilon > 0$ に対して，$\delta > 0$ が存在して
$$d_X(x, x_0) < \delta \Rightarrow d_Y(f(x), f(x_0)) < \epsilon \tag{II.9}$$

が成り立つ．そして f が X のすべての点において連続であるとき，f は連続である，という．

注意 5 不等式 (II.9) は開球を用いて

$$f(B_{d_X}(x_0, \delta)) \subset B_{d_Y}(f(x_0), \epsilon) \tag{II.10}$$

と言い換えることもできる．

例 II.7 射影写像 p

$p(x, y) = x$ で定義される写像 $p: \mathbf{R}^2 \to \mathbf{R}$ は連続である．なぜなら，任意の $(x_0, y_0) \in \mathbf{R}^2$ と任意の $\epsilon > 0$ に対して，図 II.2 のように（⇓ 点線の円の内部が $B_{d_2}((x_0, y_0), \epsilon)$，$x$ 軸上の太い線分が $B_{d_1}(x_0, \epsilon)$）

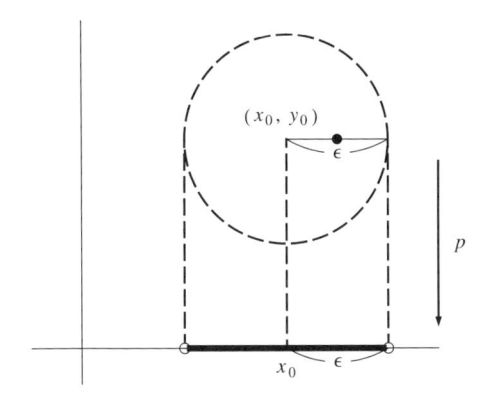

図 II.2 射影写像の連続性

$$p(B_{d_2}((x_0, y_0), \epsilon)) \subset B_{d_1}(x_0, \epsilon) \quad (\Leftarrow 実は「=」)$$

が成り立ち，不等式 (II.9) の δ として ϵ をとればよいからである．

例 II.8

x の多項式や，$\sin x$, $\cos x$, e^x など，高校で習う関数はすべて連続である（⇐ 大学 1，2 年次の微積分で習ったはずである）．

II.5　連続性の判定法

　写像が連続であることを，写像の「逆像」を使って判定することができる．ここで，写像 $f: X \to Y$ と $B \subset Y$ に対して逆像 $f^{-1}(B)$ とは，次式で定義される X の部分集合のことであったことを思い出しておく；

$$f^{-1}(B) = \{x \in X;\, f(x) \in B\}$$

❖ 命題 II.9 ❖

　2つの距離空間 X（距離は d_X），Y（距離は d_Y）の間の写像 $f: X \to Y$ について

　　(1) f が連続 $\Leftrightarrow$ (2) Y の任意の開集合の逆像が X の開集合

という同値が成り立つ．

証明

□　**(1) ⇒ (2) の証明**

　Y の任意の開集合 V の逆像 $f^{-1}(V)$ の一点 x をとる．すると逆像の定義によって $f(x) \in V$ であり，V が開集合であることから

$$B_{d_Y}(f(x), \epsilon) \subset V \tag{II.11}$$

となるような $\epsilon > 0$ が存在する．ここで f が連続であることを使うと，定義 II.8 のあとの注意より

$$f(B_{d_X}(x, \delta)) \subset B_{d_Y}(f(x), \epsilon) \tag{II.12}$$

が成り立つような $\delta > 0$ が存在している．この式 (II.11) と式 (II.12) を合わせると

$$f(B_{d_X}(x, \delta)) \subset V$$

が得られ，したがって逆像の定義によって

$$B_{d_X}(x, \delta) \subset f^{-1}(V)$$

が成り立つ．これは定義 II.3 によって，$f^{-1}(V)$ が開集合であることを意味している．

□ (2) ⇒ (1) の証明

X の任意の点 x に対し，$B_{d_Y}(f(x), \epsilon)$ は Y の開集合である（⇐ 命題 II.4）．したがって仮定によってその逆像 $f^{-1}(B_{d_Y}(f(x), \epsilon))$ は X の開集合である．ここに x が属しているから，開集合の定義 II.3 より

$$B_{d_X}(x, \delta) \subset f^{-1}(B_{d_Y}(f(x), \epsilon))$$

となるような δ が存在する．したがって逆像の定義によって

$$f(B_{d_X}(x, \delta)) \subset B_{d_Y}(f(x), \epsilon)$$

が成り立ち，定義 II.8 のあとの注意によって f は x において連続であることになる．そして x は X の任意の点であったから，f は連続である． □

上の命題は「開集合による連続性の判定法」といえるが，次のように「閉集合による連続性の判定法」も定式化できる：

❖ **命題 II.10** ❖
2 つの距離空間 X（距離は d_X），Y（距離は d_Y）の間の写像 $f: X \to Y$ について

f が連続 ⇔ Y の任意の閉集合の逆像が X の閉集合

という同値が成り立つ．

証明

一般に Y の部分集合 B に対して

$$f^{-1}(Y \setminus B) = X \setminus f^{-1}(B) \tag{II.13}$$

という等式が成り立つ（⇐ 練習問題 II-4 参照）．そして閉集合とは開集合の補集合のことであったから

Y の任意の開集合の逆像が X の開集合

⇔ Y の任意の閉集合の逆像が X の閉集合

という同値が等式 (II.13) によって成り立ち，命題 II.10 は命題 II.9 の言い換えとなるのである． □

例 II.9

$\mathbf{R}^2$ において右半開平面 $\{(x, y) \in \mathbf{R}^2; x > 0\}$ は開集合である．なぜなら，例 II.7 で見たように，射影写像 $p : \mathbf{R}^2 \to \mathbf{R}$ は連続写像であり

$$\{(x, y) \in \mathbf{R}^2; x > 0\} = p^{-1}((0, \infty))$$

というように，それが $\mathbf{R}$ の開集合 $(0, \infty)$ の連続写像による逆像となるから，命題 II.9 によって開集合となるのである．

例 II.10

$\mathbf{R}^2$ の単位円板 $D = \{(x, y) \in \mathbf{R}^2; x^2 + y^2 \leq 1\}$ は閉集合である．なぜなら，$f(x, y) = x^2 + y^2$ とおくと $f : \mathbf{R}^2 \to \mathbf{R}$ は連続写像であり

$$D = f^{-1}([0, 1])$$

というように，それが $\mathbf{R}$ の閉集合 $[0, 1]$ の連続写像による逆像となるから，命題 II.10 によって閉集合となるのである．

例 II.11

これらの例を一般化して，距離空間 X 上の実数値連続関数 $f : X \to \mathbf{R}$ に対して $\{x \in X; f(x) < c\}$ や $\{x \in X; f(x) > c\}$ は X の開集合，$\{x \in X; f(x) \leq c\}$ や $\{x \in X; f(x) \geq c\}$ は X の閉集合となる．なぜなら，それぞれの集合が $f^{-1}((-\infty, c))$, $f^{-1}((c, \infty))$, $f^{-1}((-\infty, c])$, $f^{-1}([c, \infty))$ というように，開集合または閉集合の連続写像による逆像として表されるからである．

II.6　点列の収束

一般の距離空間 X において，点列 $\{x_n\}$ ($x_n \in X$) の収束を次のように定義する：

❖ 定義 II.11 ❖

距離空間 X（距離は d）における点列 $\{x_n\}$ が点 $a \in X$ に収束する，とは次の条件をみたすことをいう：

$$\text{任意の } \epsilon > 0 \text{ に対して自然数 } N \in \mathbf{N} \text{ が存在し}$$
$$n \geq N \Rightarrow d(x_n, a) < \epsilon \tag{II.14}$$

そしてこのとき，a は点列 $\{x_n\}$ の極限 (limit) である，といい，記号で $\lim_{n \to \infty} x_n = a$ と表す．

注意 6　条件式 (II.14) は
$$n \geq N \Rightarrow x_n \in B(a, \epsilon) \tag{II.15}$$
とも言い換えられる．

例 II.12

$X = \mathbf{R}$（距離は d_1）のときは，定義 II.11 は普通の数列の収束の定義と一致する．

次の命題は，収束の概念を開集合を使って定式化することを可能にするものである：

> ❖ **命題 II.12** ❖
> 距離空間 X（距離は d）における点列 $\{x_n\}$ について，次の 2 つの条件は同値である：
> (1) $\{x_n\}$ は $a \in X$ に収束する．
> (2) a を含む任意の開集合 U に対して，自然数 $N \in \mathbf{N}$ が存在し
> $$n \geq N \Rightarrow x_n \in U$$
> が成り立つ．

証明

☐ **(1) ⇒ (2) の証明**

開集合の定義 II.3 によって

$$B(a, \epsilon) \subset U \tag{II.16}$$

をみたす $\epsilon > 0$ が存在する．一方仮定 (1) に定義 II.11 のあとの注意の式 (II.15) を適用すれば，自然数 $N \in \mathbf{N}$ が存在し

$$n \geq N \Rightarrow x_n \in B(a, \epsilon) \tag{II.17}$$

が成り立つ．よって式 (II.16) と式 (II.17) を合わせれば (2) が成り立つことがわかる．

☐ **(2) ⇒ (1) の証明**

(2) の「U」として開球 $B(a, \epsilon)$（⇐ これは命題 II.4 より開集合）をとれば式 (II.15) の条件そのものであり，(1) が成り立つことになる． ☐

この応用として，写像の連続性と点列の収束との関連を表す次の命題が得られる：

❖ 命題 II.13 ❖

2 つの距離空間 X（距離は d_X），Y（距離は d_Y）の間の写像 $f: X \to Y$ について，次の 2 つの条件は同値である：

(1) f は連続である．
(2) 任意の $a \in X$ と，a に収束する任意の点列 $\{x_n\}$ に対して，点列 $\{f(x_n)\}$ は $f(a)$ に収束する．

証明

□ (1) ⇒ (2) の証明

こちらのほうが簡単で，図 II.3 のようなイメージから証明できる：

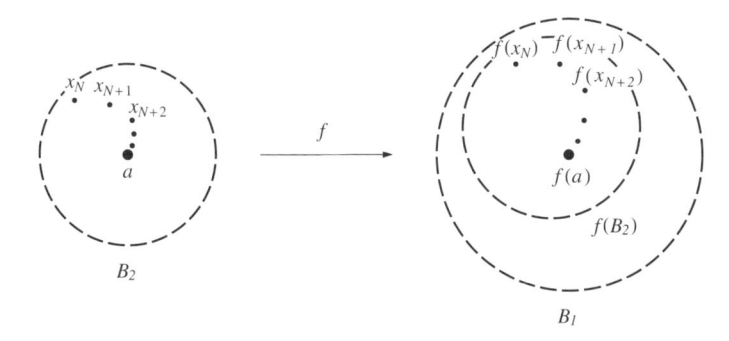

図 II.3 点列の収束と写像の連続性

まず任意の $\epsilon > 0$ に対して

$$B_1 = B_{d_Y}(f(a), \epsilon)$$

とおく．すると (1) の仮定より f は連続だから，式 (II.10) より $\delta > 0$ が存在して

$$f(B_{d_X}(a, \delta)) \subset B_1 \tag{II.18}$$

が成り立つ．したがって

$$B_2 = B_{d_X}(a, \delta)$$

とおくと，図 II.3 のように

$$f(B_2) \subset B_1 \tag{II.19}$$

となっている．さらに (2) において点列 $\{x_n\}$ は a に収束しているから，式 (II.15) より $N \in \mathbf{N}$ が存在して，図 II.3 のように

$$n \geq N \Rightarrow x_n \in B_2 \tag{II.20}$$

となっている．したがって式 (II.19) より

$$n \geq N \Rightarrow f(x_n) \in f(B_2) \subset B_1 \tag{II.21}$$

となって点列 $\{f(x_n)\}$ について式 (II.15) が成り立つことが確かめられ，(2) が成り立つ．

□ (2) ⇒ (1) の証明

背理法を用いる．そのために結論 (1) を否定しなければならない．すなわち「f が連続でない」ということを正確に表す必要がある．まず「f が連続である」というのは

$$f \text{ が任意の } x \in X \text{ において連続である} \tag{II.22}$$

ということであった．正確に否定するために，これを論理記号を用いて表すと

$$\forall x \in X \forall \epsilon > 0 \exists \delta > 0 [f(B_{d_X}(x, \delta)) \subset B_{d_Y}(f(x), \epsilon)] \tag{II.23}$$

となるから，その否定は

$$\exists x \in X \exists \epsilon > 0 \forall \delta > 0 [f(B_{d_X}(x, \delta)) \not\subset B_{d_Y}(f(x), \epsilon)] \tag{II.24}$$

となる．そこで，この x を a とおき，任意の自然数 $n \in \mathbf{N}$ に対して $\delta = \dfrac{1}{n}$ と取ると，$x_n \in B_{d_X}\left(a, \dfrac{1}{n}\right)$ という x_n であって $f(x_n) \notin B_{d_Y}(f(a), \epsilon)$ となるものが存在する．すなわち

$$d_X(x_n, a) < \frac{1}{n} \text{ かつ } d_Y(f(x_n), f(a)) \geq \epsilon \tag{II.25}$$

が成り立っている．ところが式 (II.25) の前半から点列 $\{x_n\}$ が a に収束することになり，したがって (2) より，点列 $\{f(x_n)\}$ が $f(a)$ に収束しなければならないが，それは式 (II.25) の後半と矛盾する．したがって (1) が成り立つ．□

次の命題は点列の収束と閉集合との関連を定式化するものである：

❖ 命題 II.14 ❖
距離空間 X の部分集合 F について，次の2つの条件は同値である：
(1) F は閉集合である．
(2) F における任意の収束点列 $\{x_n\}$ $(x_n \in F)$ の極限は F に属する．

証明

☐ **(1) ⇒ (2) の証明**

収束点列 $\{x_n\}$ $(x_n \in F)$ の極限を a とする．この a が F に属することを示せばよい．そこでこれを否定して $a \notin F$ すなわち $a \in X \setminus F$ と仮定する．(1) によって F は閉集合だから，その補集合 $X \setminus F$ は開集合である．したがって

$$B(a, \epsilon) \subset X \setminus F \tag{II.26}$$

となるような $\epsilon > 0$ が存在する．すると $\lim_{n \to \infty} x_n = a$ であるから，十分大きい自然数 n に対しては $x_n \in B(a, \epsilon)$ が成り立っている．したがって式 (II.26) より $x_n \in X \setminus F$ すなわち $x_n \notin F$ となるが，これは矛盾である．よって $a \in F$ であることが示された．

☐ **(2) ⇒ (1) の証明**

$X \setminus F$ が開集合であることを示せばよい．以下背理法でこれを示す．そのためにまず「$X \setminus F$ が開集合である」ということを定義 II.3 に基づいて論理記号を用いて書くと

$$\forall a \in X \setminus F \exists \epsilon > 0 [B(a, \epsilon) \subset X \setminus F] \tag{II.27}$$

となるから，その否定は

$$\exists a \in X \setminus F \forall \epsilon > 0 [B(a, \epsilon) \not\subset X \setminus F] \tag{II.28}$$

となる．したがってとくに

$$\exists a \in X \setminus F \forall n \in \mathbf{N}[B\left(a, \frac{1}{n}\right) \not\subset X \setminus F] \tag{II.29}$$

である．したがって，この点 $a \in X \setminus F$ につき，任意の自然数 n に対して $x_n \in B\left(a, \frac{1}{n}\right) \cap F$ のような x_n が存在する．ここから点列 $\{x_n\}$ は a に収束する F の点列であることが出るから，仮定 (2) によって $a \in F$ となる．これは $a \in X \setminus F$ であることに反する． □

II.7 閉包と極限

まず「閉包」の概念の定義から：

❖ **命題 II.15** ❖
距離空間 X の部分集合 A に対して，A を含む最小の閉集合を A の閉包 (closure) といい，$\bar{A}$ で表す．

この雲をつかむような定義の意味を，次の2つの命題によって明確にしていく．

❖ **命題 II.16** ❖
距離空間 X の部分集合 A に対して次の等式が成り立つ：

$$\bar{A} = \{x \in X; x \text{ を含む任意の開集合 } U \text{ に対して } U \cap A \neq \phi\}$$

証明

右辺の集合を A_1 とおく：

$$A_1 = \{x \in X; x \text{ を含む任意の開集合 } U \text{ に対して } U \cap A \neq \phi\} \tag{II.30}$$

$\bar{A} \subset A_1$ および $A_1 \subset \bar{A}$ であることを示せばよい．

☐ $A_1 \subset \bar{A}$ であること

これを否定すると $x \in A_1 \setminus \bar{A}$ というような元 x が存在することになる．ここで $A_1 \setminus \bar{A} \subset X \setminus \bar{A}$ であるから，したがって $x \in X \setminus \bar{A}$ でもある．また $\bar{A}$ は定

義によって閉集合だからその補集合 $X \setminus \bar{A}$ は開集合である．ところが $x \in A_1$ だから，式 (II.30) の右辺の U として $X \setminus \bar{A}$ を取ると $(X \setminus \bar{A}) \cap A \neq \phi$ となり，矛盾が生じる ($\Leftarrow A \subset \bar{A}$ より $X \setminus \bar{A} \subset X \setminus A$ であり，A の補集合 $X \setminus A$ と A とは交わらないからである)．

□ $\bar{A} \subset A_1$ であること

A_1 の定義より $A \subset A_1$ は成り立っているから，あとは A_1 が閉集合であることをいえばよい ($\Leftarrow$ そうすれば $\bar{A}$ の最小性から $\bar{A} \subset A_1$ となる)．したがって $X \setminus A_1$ が開集合であることをいえばよい．そこで $X \setminus A_1$ の任意の点 x をとる．これは $x \notin A_1$ であること，すなわち x が式 (II.30) の右辺の条件をみたさない，ということを意味する．したがって

$$x \notin A_1 \Leftrightarrow x \text{ を含むある開集合 } U_x \text{ に対して } U_x \cap A = \phi \tag{II.31}$$

すなわち

$$x \text{ を含むある開集合 } U_x \text{ に対して } U_x \subset X \setminus A$$

が成り立つ．すると U_x の任意の元 y に対しても

$$y \text{ を含む開集合 } U_x \text{ に対して } U_x \subset X \setminus A$$

が成り立っており，y が式 (II.31) の右辺の条件をみたしていることになる．よって式 (II.31) の左辺，すなわち $y \notin A_1$ が成り立ち，すなわち $y \in X \setminus A_1$ となる．よって

$$U_x \subset X \setminus A_1$$

が成り立つ．ここまでをまとめると

$$x \in X \setminus A_1 \Rightarrow x \text{ を含むある開集合 } U_x \text{ に対して } U_x \subset X \setminus A_1$$

あとは，命題 II.5 によって開集合 U_x が開球の和集合であることから

$$x \subset B(x, \epsilon_x) \subset U_x \subset X \setminus A_1$$

となるような開球 $B(x, \epsilon_x)$ が存在することになり，定義 II.3 より $X \setminus A_1$ が開集合であることがわかる． □

この命題から次のさらに明確な「閉包の特徴付け」が得られる：

> **❖ 命題 II.17 ❖**
> 距離空間 X の部分集合 A に対して次の等式が成り立つ：
> $$\bar{A} = \{A \text{ における収束点列 } \{x_n\} \, (x_n \in A) \text{ の極限の集合}\} \quad (\text{II.32})$$

証明

□ 式 (II.32) の右辺の集合を A_ℓ とおく

$$A_\ell = \lceil A \text{ における収束点列 } \{x_n\} \, (x_n \in A) \text{ の極限の集合}\rfloor \quad (\text{II.33})$$

$\bar{A} \subset A_\ell$ および $A_\ell \subset \bar{A}$ であることを示せばよい．

□ $A_\ell \subset \bar{A}$ であること

A_ℓ の任意の元 a を取ると，(II.33) より $\lim_{n\to\infty} x_n = a$ となるような A の収束点列 $\{x_n\}$ が存在する．ここで $A \subset \bar{A}$ であるから，x_n は $\bar{A}$ の点列でもあり，すると命題 II.14 によって $a \in \bar{A}$ が成り立つ（⇐ $\bar{A}$ が閉集合であることを使っている）．したがって $A_\ell \subset \bar{A}$ である．

□ $\bar{A} \subset A_\ell$ であること

$\bar{A}$ の任意の点 a を取ると，命題 II.16 より，任意の自然数 n に対して開球 $B\left(a, \dfrac{1}{n}\right)$ は A と共通部分をもつ．その共通部分の点を x_n とすると点列 $\{x_n\}$ は a に収束する A の点列である．したがって式 (II.33) の A_ℓ の定義により，$a \in A_\ell$ である．よって $\bar{A} \subset A_\ell$ が示された． □

> **例 II.13**
> $\mathbf{R}^2$（距離は d_2）において，$\overline{B((0,0),1)} = D((0,0),1)$.
> なぜなら任意の $\theta \in [0, 2\pi)$ に対して，$B((0,0),1))$ の点列 $\left\{\left(1 - \dfrac{1}{n}\right)(\cos\theta, \sin\theta)\right\}$ は単位円上の点 $(\cos\theta, \sin\theta) \in D((0,0),1)$ に収束するから，命題 II.17 によって $D((0,0),1) \subset \overline{B((0,0),1)}$ であり，例 II.10 によって $D((0,0),1)$ は $B((0,0),1)$ を含む閉集合であることから，閉包の定義によって $D((0,0),1) = \overline{B((0,0),1)}$ となるからである．

例 II.14

$\mathbf{R}^n$ （距離は d_n）の任意の点 a と任意の $r > 0$ に対して，開球 $B(a, r)$ の閉包は閉球 $D(a, r)$ と一致する：$\overline{B(a, r)} = D(a, r)$. 証明は例 II.13 と同様である．

II.8　Tの位相

本書で中心的な役割を果たす 1 次元トーラス $\mathbf{T} = \{z \in \mathbf{C}; |z| = 1\}$ の位相的な性質を見ていきたい．とくに，「$\mathbf{T}$ 上の実数値連続関数は最大値を取る」ことを理解することが中心的な目標である．

$\mathbf{T}$ が距離空間であることの説明から始める．まず $\mathbf{T}$ の 2 点 z, w に対してその商 $\dfrac{z}{w}$ もまた $\mathbf{T}$ の元であることに注意しよう（$\Leftarrow \left|\dfrac{z}{w}\right| = \dfrac{|z|}{|w|} = 1$ だから）．また $\mathbf{T}$ の任意の点 z に対して実軸上の点「1」から正の方向に計った角度を $\arg(z)$（$\in [0, 2\pi)$）とよぶのであった．そこで距離を次のように定義する：

❖ 定義 II.18 ❖

$\mathbf{T}$ の 2 点 z, w に対してその距離 $d(z, w)$ を

$$d(z, w) = \min\left\{\arg\left(\frac{z}{w}\right), \arg\left(\frac{w}{z}\right)\right\}$$

で定義する．

例 II.15

$z = i = e^{\pi i/2},\ w = \dfrac{1}{\sqrt{2}} + \dfrac{1}{\sqrt{2}}i = e^{\pi i/4}$ のときは

$$\begin{aligned}
d(z, w) &= \min\left\{\arg\left(\frac{z}{w}\right), \arg\left(\frac{w}{z}\right)\right\} \\
&= \min\left\{\arg\left(\frac{e^{\pi i/2}}{e^{\pi i/4}}\right), \arg\left(\frac{e^{\pi i/4}}{e^{\pi i/2}}\right)\right\} \\
&= \min\left\{\arg(e^{\pi i/4}), \arg(e^{-\pi i/4})\right\}
\end{aligned}$$

$$= \min\left\{\frac{\pi}{4}, \frac{7\pi}{4}\right\}$$
$$= \frac{\pi}{4}$$

となる．図示すると図 II.4 のようになる：

図 II.4 から見てとれるように，単位円上の 2 点のなす角度（ラジアン）を左回りに計って小さいほうをとる，という自然な距離である．

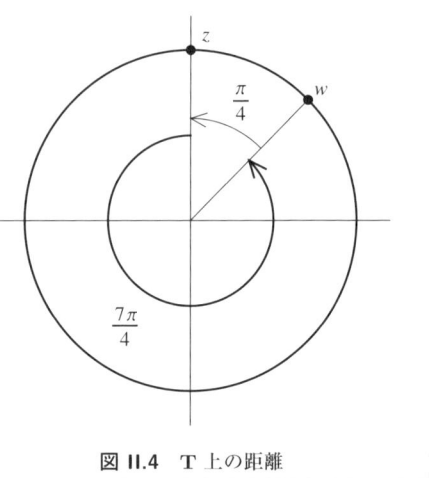

図 II.4 $\mathbf{T}$ 上の距離

注意 7 この「d」が定義 II.1 で述べた 3 つの距離の公理すべてをみたすことを示すのは簡単であり，ここでは省略する．

例 II.16

この距離に関する開球 $B\left(1, \frac{\pi}{3}\right)$, $B\left(-1, \frac{\pi}{3}\right)$ は，それぞれ図 II.5 の右側の太線，左側の太線の部分になる：

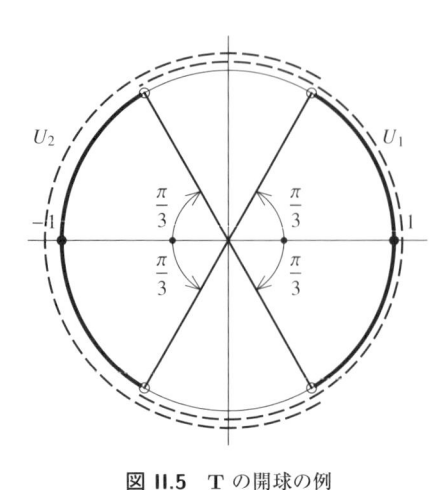

図 II.5 $\mathbf{T}$ の開球の例

さらに，これらは写像 $e_1 : \mathbf{R} \to \mathbf{T}$ を用いると
$$B\left(1, \frac{\pi}{3}\right) = e_1\left(\left(-\frac{\pi}{3}, \frac{\pi}{3}\right)\right)$$
$$B\left(-1, \frac{\pi}{3}\right) = e_1\left(\left(\frac{2\pi}{3}, \frac{4\pi}{3}\right)\right)$$
と表される．このことは，「上の $\mathbf{T}$ 上の距離の定義が極めて自然なものだ」ということを意味している．

ここで連続写像に関する基本的な性質を1つ述べておく：

❖ 命題 II.19 ❖
3つの距離空間 X, Y, Z があり，その間に連続写像 $f : X \to Y, g : Y \to Z$ があったとする．このとき合成写像 $g \circ f : X \to Z$ も連続である．

証明

命題 II.13 を使って以下のように簡単に示すことができる．そこの (2) のように任意の $a \in X$ と，a に収束する任意の点列 $\{x_n\}$ をとる．まず仮定によって f が連続だから，同じ命題によって点列 $\{f(x_n)\}$ は $f(a)$ に収束する．さらに仮定によって g も連続だから，同じ命題によって点列 $\{g(f(x_n))\}$ は $g(f(a))$ に収束する．これは，合成写像の定義によって，点列 $\{(g \circ f)(x_n)\}$ が $(g \circ f)(a)$ に収束することを意味する．したがってやはり同じ命題の「(2) $\Rightarrow$ (1)」の部分から，$g \circ f$ が連続であることになる． □

この命題を $e_1 : \mathbf{R} \to \mathbf{T}$ と $\mathbf{T}$ 上の任意の実数値連続関数 $g : \mathbf{T} \to \mathbf{R}$ に適用しよう．e_1 は $e_1(x) = e^{ix} = \cos x + i \sin x$ で定義されるのであったから連続であることに注意しておく．したがって命題 II.19 より合成写像 $g \circ e_1 : \mathbf{R} \to \mathbf{R}$ は連続関数である．そこで「$\mathbf{R}$ 上の連続関数は任意の閉区間 $[a, b]$ において最大値を取る」という微積分学の定理を援用すると，$g \circ e_1$ は閉区間 $[0, 2\pi]$ 上で最大値を取ることになる．ところが $e_1([0, 2\pi]) = \mathbf{T}$ であるから，これは g 自身が $\mathbf{T}$ 上で最大値を取る，ということを意味している．これは重要な事実であり，命題として掲げておく：

❖ 命題 II.20 ❖
T 上の任意の実数値連続関数は最大値を取る．

したがって，**T** 上の複素数値連続関数 f に対し，$|f|$ は実数値連続関数だから，この命題から $|f|$ は最大値を取ることがわかる．その最大値を $\|f\|$ と表す：

$$\|f\| = \max_{z \in \mathbf{T}} |f(z)|$$

さらに，この命題 II.20 のおかげで **T** 上のさまざまな関数の全体の集合「関数空間」に距離を導入できるようになる．そのために記号を導入する：

❖ 定義 II.21 ❖
(1) **T** 上の複素数値 k 回連続微分可能関数 $(k \geq 0)$ の全体の集合を $C^k(\mathbf{T})$ と表す．そして $f \in C^k(\mathbf{T})$ に対して

$$\|f\|_{(k)} = \max_{0 \leq p \leq k} \|D^p f\|$$

と定義する（ここで「$D^p f$」は「$\dfrac{d^p}{dx^p}(f \circ e_1)$」の意味である）．

(2) **T** 上の複素数値無限回連続微分可能関数の全体の集合を $C^\infty(\mathbf{T})$ と表す．そして $f \in C^\infty(\mathbf{T})$ に対して

$$\|f\|_{(\infty)} = \sum_{k=0}^{\infty} \frac{2^{-k}\|f\|_{(k)}}{1+\|f\|_{(k)}} \tag{II.34}$$

と定義する．

注意 8 定義式 (II.34) の右辺は，各項が「$2^{-k} \times (1 より小さい数)$」の形であるから，確かに有限の値に収束する．

この定義を利用して，関数空間 $C^k(\mathbf{T})$ $(0 \leq k \leq \infty)$ 上の距離 $d_{(k)}$ を次のように定義する：

❖ 定義 II.22 ❖

任意の $f, g \in C^k(\mathbf{T})$ $(0 \leq k \leq \infty)$ に対し

$$d_{(k)}(f, g) = \|f - g\|_{(k)}$$

と定義する.

注意 9 このように定義された $d_{(k)}$ が距離の公理をみたすことを示すのは難しいことではない. ただし, $k = \infty$ のときのみ少し工夫を要するので, 章末問題としておく (練習問題 II-5).

式 (II.34) は少し人工的に見えるが, これは次の命題によってその価値がわかる:

❖ 命題 II.23 ❖

$C^\infty(\mathbf{T})$ の関数列 $\{f_n\}$ と $g \in C^\infty(\mathbf{T})$ に対して次の2つは同値である:

(1) 距離 $d_{(\infty)}$ に関して関数列 $\{f_n\}$ が g に収束する.

(2) 0以上の任意の整数 k と距離 $d_{(k)}$ に関して関数列 $\{f_n\}$ が g に収束する.

証明

□ (1) ⇒ (2) の証明

まず $y = \dfrac{x}{1+x}$ のグラフは図 II.6 のようになっているから

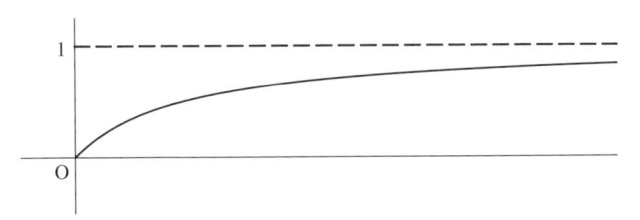

図 II.6 $y = \dfrac{x}{1+x}$ のグラフ

x が右から 0 に近づくことと,

$$\frac{x}{1+x} \text{ が右から } 0 \text{ に近づくことは同値である} \tag{II.35}$$

ことに注意しておく．さて式 (II.34) の右辺の各項は 0 以上だから，すべての $k \geq 0$ に対して

$$0 \leq \frac{2^{-k}||f||_{(k)}}{1+||f||_{(k)}} \leq \sum_{k=0}^{\infty} \frac{2^{-k}||f||_{(k)}}{1+||f||_{(k)}}$$

であり，したがって

$$0 \leq \frac{2^{-k}d_{(k)}(f_n, g)}{1+d_{(k)}(f_n, g)} \leq d_{(\infty)}(f_n, g) \tag{II.36}$$

が成り立つ．ここで仮定 (1) によって $\lim_{n\to\infty} d_{(\infty)}(f_n, g) = 0$ であるから，式 (II.36) にはさみうちの原理を適用して

$$\lim_{n\to\infty} \frac{2^{-k}d_{(k)}(f_n, g)}{1+d_{(k)}(f_n, g)} = 0$$

したがって

$$\lim_{n\to\infty} \frac{d_{(k)}(f_n, g)}{1+d_{(k)}(f_n, g)} = 0$$

であり，上の注意式 (II.35) により，$\lim_{n\to\infty} d_{(k)}(f_n, g) = 0$ となる．

☐ **(2) ⇒ (1) の証明**

まず上の $y = \dfrac{x}{1+x}$ のグラフより区間 $[0, \infty)$ においてつねに $\dfrac{x}{1+x} < 1$ であり，したがって

$$\frac{2^{-k}d_{(k)}(f_n, g)}{1+d_{(k)}(f_n, g)} < 2^{-k}$$

であることに注意しておく．したがってどんな n に対しても

$$\sum_{k=k_0}^{\infty} \frac{2^{-k}d_{(k)}(f_n, g)}{1+d_{(k)}(f_n, g)} \leq \sum_{k=k_0}^{\infty} 2^{-k} = 2^{1-k_0}$$

である．この右辺は $k_0 \to \infty$ のとき 0 に収束するから，任意の $\epsilon > 0$ に対し自然数 K が存在して

$$k_0 \geq K \Rightarrow \sum_{k=k_0}^{\infty} \frac{2^{-k}d_{(k)}(f_n, g)}{1+d_{(k)}(f_n, g)} < \epsilon$$

であり，とくに $k_0 = K$ として

$$\sum_{k=K}^{\infty} \frac{2^{-k}d_{(k)}(f_n, g)}{1+d_{(k)}(f_n, g)} < \epsilon \tag{II.37}$$

である．さらに仮定 (2) と式 (II.35) によって K 未満の k に対して，自然数 N_k が存在して

$$n \geq N_k \Rightarrow \frac{d_{(k)}(f_n, g)}{1+d_{(k)}(f_n, g)} < \epsilon$$

が成り立つ．したがって $N = \max\{N_0, N_1, \cdots, N_{K-1}\}$ とおけば K 未満のすべての k に対して

$$n \geq N \Rightarrow \frac{d_{(k)}(f_n, g)}{1+d_{(k)}(f_n, g)} < \epsilon$$

が成り立つから

$$n \geq N \Rightarrow \sum_{k=0}^{K-1} \frac{2^{-k}d_{(k)}(f_n, g)}{1+d_{(k)}(f_n, g)} < \epsilon \sum_{k=0}^{K-1} 2^{-k} = \epsilon \cdot 2(1 - 2^{-K}) < 2\epsilon \tag{II.38}$$

したがって式 (II.37) と式 (II.38) を加えて

$$n \geq N \Rightarrow \sum_{k=0}^{\infty} \frac{2^{-k}d_{(k)}(f_n, g)}{1+d_{(k)}(f_n, g)} < 3\epsilon$$

となり (1) が示された． □

注意 10 命題 II.23 の証明，とくに「(2)⇒(1)」の部分を見れば，式 (II.34) という一見人工的な定義が，実は収束数列 $\{2^{-k}\}$ と $\dfrac{x}{1+x}$ の有界性を利用して (2) という無限個の k に対する主張を (1) という 1 つの主張にまとめることを可能にしている，ということがわかり，式 (II.34) の奥深さを示している．

以上で関数空間 $C^k(\mathbf{T})$ $(0 \leq k \leq \infty)$ に距離が導入され，距離空間であることが示された．したがって本節で述べてきた一般論がすべてこれらの関数空間で成り立つのであり，とくにそれぞれの空間での「関数列の収束」が正確に定義できたことになる．

II.9　1 の分割

❖ 定義 II.24 ❖

$\mathbf{T}$ の開集合の族 $\{U_i\}_{1 \leq i \leq n}$ と，C^∞ 関数の族 $\{\varphi_i\}_{1 \leq i \leq n}$ が次の 3 条件
(1)　$\bigcup_{1 \leq i \leq n} U_i = \mathbf{T}$
(2)　$\mathrm{supp}(\varphi_i) \subset U_i$ $(1 \leq i \leq n)$
(3)　$\sum_{1 \leq i \leq n} \varphi_i = 1$
をみたすとき，族 $\{\varphi_i\}_{1 \leq i \leq n}$ を「開被覆 $\{U_i\}_{1 \leq i \leq n}$ に付随する 1 の分割 (partition of unity)」という．

注意 11　一般に距離空間 X の開集合の族 $\{U_i\}_{i \in I}$ が上の (1) の性質 $\bigcup_{i \in I} U_i = X$ をみたすとき，「族 $\{U_i\}_{i \in I}$ は X の開被覆 (open covering) である」という．

本節では，上の定義のような 1 の分割がつねに存在する，ということを説明する．まずは開集合の個数が 2 個であって，しかも次のように具体的に指定してある場合から考える．実は一般の場合も以下の議論を少し修正すれば 1 の分割が構成できる，と納得できるはずである．そこで

$$
\begin{aligned}
U_1 &= B\left(1, \frac{2\pi}{3}\right) \\
U_2 &= B\left(-1, \frac{2\pi}{3}\right)
\end{aligned}
$$

とおく．図 II.5 にこの U_1（右の点線部），U_2（左の点線部）も図示してあるが，一見して明らかなように，これらは $\mathbf{T}$ の開被覆になっている．あとは関数の構成であるが，次の命題に出てくる関数が基本となる：

❖ 命題 II.25 ❖

(1) $\mathbf{R}$ 上の関数 p を
$$p(x) = \begin{cases} e^{-1/x}, & x > 0 \\ 0, & x \leq 0 \end{cases}$$
で定義すると p は C^∞ 関数である．

(2) 正の実数 a に対して，$\mathbf{R}$ 上の関数 q_a を $q_a(x) = \dfrac{p(x)}{p(x) + p(a-x)}$ で定義すると
$$q_a(x) = \begin{cases} 0, & x \leq 0 \\ \dfrac{1}{1 + e^{1/x - 1/(a-x)}}, & 0 < x < 1 \\ 1, & x \geq 1 \end{cases}$$
となり，しかも q_a は C^∞ 関数であって，閉区間 $[0,1]$ で単調増加である．

(3) 正の実数 a に対して，$\mathbf{R}$ 上の関数 b_a を $b_a(x) = q_a(x+2a) q_a(2a-x)$ で定義すると
$$b_a(x) = \begin{cases} 0, & x \leq -2a \\ q_a(x+2a), & -2a < x < -a \\ 1, & -a \leq x \leq 2 \\ q_a(2a-x), & a < x < 2a \\ 0, & 2a \leq x \end{cases}$$
となり，b_a は C^∞ 関数であって，閉区間 $[-2a, -a]$ で単調増加，閉区間 $[a, 2a]$ で単調減少である．

注意 12 どれも証明は難しくない．(1) は $\displaystyle\lim_{x \to 0} \dfrac{e^{-1/x}}{x^n} = 0$ であることの帰結であり，(2) は $q_a'(x) = \dfrac{p(x) p(a-x)}{(p(x) + p(a-x))^2} \left(\dfrac{1}{x^2} + \dfrac{1}{(a-x)^2} \right)$ であることからわかる．(3) は (2) の直接の帰結である．

グラフは図 II.7 のようになる：

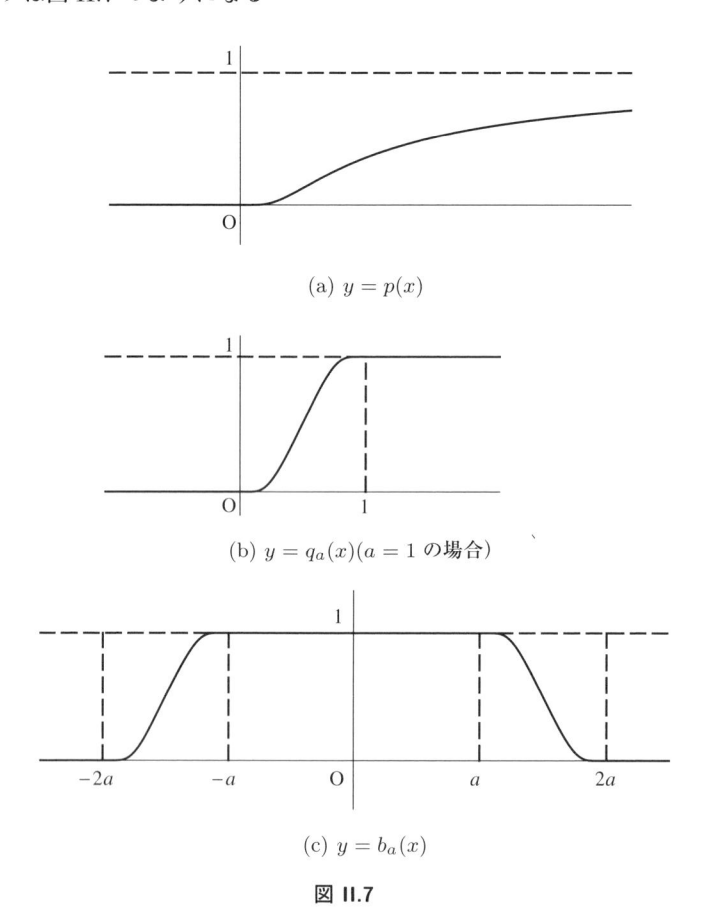

(a) $y = p(x)$

(b) $y = q_a(x)$ ($a = 1$ の場合)

(c) $y = b_a(x)$

図 II.7

そして $b_a(x)$ を用いて次のように周期 2π の関数をつくる：

❖ 定義 II.26 ❖

(1) 任意の $a \in \left(0, \dfrac{\pi}{2}\right)$ に対して，$\mathbf{R}$ 上の周期 2π の関数 $f_a(x)$ を

$$f_a(x) = b_a(x - 2n\pi), \ x \in [2n\pi, 2(n+1)\pi]$$

で定義する．

(2) 任意の $c \in [0, 2\pi)$ に対し，$\mathbf{R}$ 上の周期 2π の関数 $f_{(c;a)}(x)$ を

$$f_{(c;a)}(x) = f_a(x - c)$$

で定義する．そして $f_{(c;a)}(x)$ に対応する $\mathbf{T}$ 上の関数を $F_{(c;a)}(z)$ と定義する．したがって

$$F_{(c;a)}(e^{ix}) = f_{(c;a)}(x)$$

が成り立っている．

注意 13 (2) の関数 $F_{(c;a)}$ の台は $\mathrm{supp}(F_{(c;a)}) = e_1([c-2a, c+2a])$ となっている．

(1) の関数のグラフは図 II.8 のようになる：
$y = f_a(x)$ のグラフ

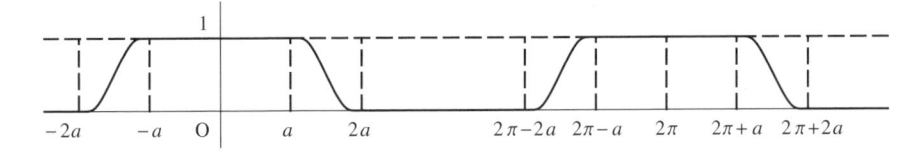

図 **II.8** $y = f_a(x)$ のグラフ

また，(2) の関数のグラフは (1) のグラフを右に c だけ平行移動したものである．これを用いて h_1, h_2 を

$$h_1 = F_{\left(0, \frac{7\pi}{24}\right)}$$
$$h_2 = F_{\left(\pi, \frac{7\pi}{24}\right)}$$

と定義する．したがってそれぞれの台は上の注意より

$$\mathrm{supp}(h_1) = e_1\left(\left[-\frac{7\pi}{12}, \frac{7\pi}{12}\right]\right) \subset U_1$$
$$\mathrm{supp}(h_2) = e_1\left(\left[\frac{5\pi}{12}, \frac{19\pi}{12}\right]\right) \subset U_2$$

をみたしているし，これらの台が重なっているから，$\mathbf{T}$ 上で h_1, h_2 が同時に 0 になることはなく $h_1 + h_2$ はつねに正の関数である．そこで

$$\varphi_1 = \frac{h_1}{h_1 + h_2}$$
$$\varphi_2 = \frac{h_2}{h_1 + h_2}$$

とおけば，ついに開被覆 $\{U_1, U_2\}$ に付随する 1 の分割 $\{\varphi_1, \varphi_2\}$ が構成できた．

注意 14 上の説明の「$\frac{7\pi}{24}$」でなく，「$\frac{\pi}{3}\left(=\frac{8\pi}{24}\right)$」と取ると，$h_1, h_2$ の台がそれぞれ $\bar{U}_1, \bar{U}_2$ となってしまって，定義II.24 の (2) の条件を微妙にみたさず，かといって「$\frac{\pi}{4}\left(=\frac{6\pi}{24}\right)$」と取ると，こんどは台が縮んで h_1, h_2 がともに $e_1\left(\frac{\pi}{2}\right)$ において 0 となってしまう．「$\frac{7\pi}{24}$ がちょうどよい」，ということに気づいてほしい．

以上を参考にすれば $\mathbf{T}$ の一般の開被覆 $\{U_i\}_{1 \leq i \leq n}$ に対して 1 の分割も構成できる．その際，命題II.25, (3) の関数 $b_a = q_a(x + 2a)q_a(2a - x)$ のかわりに，$b_{(a_1, a_2)} = q_a(x + 2a)q_b(2b - x)$ を使って，b_a の左右のなで肩の幅を変えるのがポイントである．

練習問題

II-1 距離空間 X(距離は d) の任意の 3 点 $x, y, z \in X$ に対し $|d(x, z) - d(y, z)| \leq d(x, y)$ が成り立つことを証明せよ．

II-2 距離空間 X(距離は d) と点 $a \in X$ に対して，写像 $f: X \to \mathbf{R}$ を $f(x) = d(x, a)$ で定義すると，f は連続であることを証明せよ．

II-3 距離空間における閉球 $D(a, r)$ は閉集合であることを証明せよ．

II-4 写像 $f: X \to Y$ と，Y の部分集合 B に対して $f^{-1}(Y \setminus B) = X \setminus f^{-1}(B)$ が成り立つことを証明せよ．

II-5 任意の $f, g \in C^\infty(\mathbf{T})$ に対し，式 (II.35) を用いて $d_{(\infty)}(f, g) = \|f - g\|_{(\infty)}$ と定義するとき，$d_{(\infty)}$ は空間 $C^\infty(\mathbf{T})$ 上の距離であることを証明せよ．

補説 第III章 線形代数学の基本的事項

本章では，本書で必要となる線形代数に関する用語や概念をまとめておく．

III.1 線形空間の定義

たとえば2次元平面 $\mathbf{R}^2$ が線形空間のもっともなじみ深い例である．そこでは元同士を足すことができるし，さらに実数倍することもできる．もう少し詳しくいうと，$(x_1, y_1), (x_2, y_2) \in \mathbf{R}^2$ に対して

$$(x_1, y_1) + (x_2, y_2) = (x_1 + x_2, y_1 + y_2) \tag{III.1}$$

というルールで足し算ができ，また $(x, y) \in \mathbf{R}^2$ と $c \in \mathbf{R}$ に対して

$$c(x, y) = (cx, cy)$$

というルールで実数倍ができる．線形空間とは，簡単にいえば

　　足し算と定数倍ができる集合

ということなのだが，厳密には次のように定義される：

❖ 定義 III.1 ❖

集合 V が演算 $+$ に関して可換群であり，さらに任意の $c \in \mathbf{R}$ と任意の $v \in V$ に対して定数倍 $cv \in V$ が定義されていて，次の4つの性質

(1) $c(v + w) = cv + cw$

(2) $(c + c')v = cv + c'v$

(3) $c(c'v) = (cc')v$

$$(4) \quad 1v = v$$

が任意の $c, c' \in \mathbf{R}$ と任意の $v, w \in V$ に対して成り立つとき,「V は $\mathbf{R}$ 上の線形空間である」という.

したがって線形空間は演算「$+$」に関する単位元をもつが,それを通常「$\mathbf{0}$」で表す.また,この定義の文中に出てくる「$\mathbf{R}$」をすべて「$\mathbf{C}$」に置き換えれば,$\mathbf{C}$ 上の線形空間の定義となる.以下これらを代表して k と表す.

III.2　部分空間

群のときと同様に,線形空間 V の部分線形空間（$\Leftarrow$ 普通「部分空間」と略す）とは,V の部分集合であって,それ自身がまた線形空間であるものをいう.これについては,次の判定法がある：

❖ 命題 III.2 ❖

k 上の線形空間 V の部分集合 W が,次の 2 つの性質
- (1)　$w, w' \in W$ ならば $w + w' \in W$
- (2)　$w \in W$, $c \in k$ ならば $cw \in W$

をつねにみたすならば,W は V の部分空間である.

詳しくこれを証明はしないが,任意の $v \in V$ に対してその 0 倍「$0v$」や,-1 倍「$(-1)v$」が定義できるのが非常に大きい.というのは

$$\begin{aligned} 0v + 0v &= (0+0)v \quad (\text{定義 III.1 の (2)}) \\ &= 0v \end{aligned}$$

より $0v + 0v = 0v$ だが,この両辺に $0v$ の逆元を加えれば $0v = \mathbf{0}(= V$ の単位元$)$ であることがわかり,さらに

$$v + (-1)v = (1 + (-1))v \quad (\text{定義 III.1 の (2)})$$

$$= 0v$$
$$= \mathbf{0} \quad (\text{すぐ上で確認した})$$

であることから，$(-1)v$ が v の逆元になっていることがわかる．したがって命題 III.2 の (2) があれば W のあらゆる元が逆元をもつことが保証されて (1) と合わせて W は V の部分群となり，さらに定義 III.1 の (1) から (4) は V で成り立つことから，その部分集合 W でも自動的に成り立ち，命題 III.2 が示されるのである．

✥ 命題 III.3 ✥

W_1, W_2 が線形空間 V の部分空間であるならば，その共通部分 $W_1 \cap W_2$ も V の部分空間である．

証明

$w, w' \in W_1 \cap W_2$ とすると，$w, w' \in W_1$ かつ $w, w' \in W_2$ である．したがって仮定によって $w + w' \in W_1$ かつ $w + w' \in W_2$ であり，$w + w' \in W_1 \cap W_2$ であるから，命題 III.2 の (1) が成り立つ．(2) については，$w \in W_1 \cap W_2$, $c \in k$ とすると，$w \in W_1$ かつ $w \in W_2$ であることから，仮定によって $cw \in W_1$ かつ $cw \in W_2$ となり，したがって $cw \in W_1 \cap W_2$ である．よって $W_1 \cap W_2$ も部分空間である． □

k 上の線形空間 V と，そのいくつかの元 $v_1, \cdots, v_n$ に対して

$$c_1 v_1 + \cdots + c_n v_n \quad (c_1, \cdots, c_n \in k)$$

の形の元を $v_1, \cdots, v_n$ の線形結合という．そしてその全体を $\langle v_1, \cdots, v_n \rangle$ と表す：

$$\langle v_1, \cdots, v_n \rangle = \{c_1 v_1 + \cdots + c_n v_n; c_1, \cdots, c_n \in k\}. \qquad \text{(III.2)}$$

これを「$v_1, \cdots, v_n$ によって生成される部分空間」という（実際に部分空間であることは練習問題 III-3 参照）．

例 III.1

$\mathbf{R}^3$ において, $e_1 = (1, 0, 0)$, $e_2 = (0, 1, 0)$ とすると, e_1, e_2 によって生成される部分空間 $\langle e_1, e_2 \rangle$ は xy 平面となる. なぜなら $\langle e_1, e_2 \rangle$ の任意の元は $c_1 e_1 + c_2 e_2 = (c_1, c_2, 0)$ と表され, c_1, c_2 が実数全体を動くと xy 平面全体となるからである.

III.3 補空間

❖ 定義 III.4 ❖

線形空間 V の 2 つの部分空間 W_1, W_2 があって, 次の 2 条件が成り立っているとき, 「V は W_1 と W_2 の直和である」といい, $V = W_1 \oplus W_2$ と表す:

(1) $W_1 \cap W_2 = \{\mathbf{0}\}$

(2) V の任意の元 v は, W_1 の元 w_1 と W_2 の元 w_2 を用いて $v = w_1 + w_2$ と表せる.

そして, $V = W_1 \oplus W_2$ であるとき, 「W_2 は W_1 の V における補空間である」といい, また「W_1 は W_2 の V における補空間である」という.

例 III.2

xy 平面 $\mathbf{R}^2$ において, x 軸を ℓ_x, y 軸を ℓ_y とおくと, $\mathbf{R}^2 = \ell_x \oplus \ell_y$ である. まず, x 軸上の点を足しても, 定数倍しても x 軸上にあるから, ℓ_x は $\mathbf{R}^2$ の部分空間である. 同様に ℓ_y も部分空間である. そして x 軸と y 軸は原点でのみ交わるから (1) が成り立っているし, $\mathbf{R}^2$ の任意の元 (x, y) は $(x, y) = (x, 0) + (0, y)$ と表すことができるから (2) も成り立っている. したがって $\mathbf{R}^2 = \ell_x \oplus \ell_y$ である.

III.4　基底，次元

まず「線形従属，線形独立」の概念が必要である：

> **❖ 定義 III.5 ❖**
>
> 線形空間 V の元 $v_1, \cdots, v_n$ に対し
>
> $$c_1 v_1 + \cdots c_n v_n = \mathbf{0}$$
>
> が成り立つような $c_1, \cdots, c_n \in k$ が存在していて，しかも $c_1, \cdots, c_n$ の中に 0 でないものがあるとき，$v_1, \cdots, v_n$ は線形従属である，という．そして線形従属でないとき，$v_1, \cdots, v_n$ は線形独立である，という．

注意 1　線形独立であることを示すのに

$$c_1 v_1 + \cdots c_n v_n = \mathbf{0} \text{ ならば } c_1 = \cdots = c_n = 0 \qquad \text{(III.3)}$$

という形で証明することも多い．「p ならば q」という命題の否定は「p かつ $\bar{q}$（$\Leftarrow q$ の否定の記号）」であることを使うと，命題 (III.3) の否定は

$$c_1 v_1 + \cdots c_n v_n = \mathbf{0} \text{ かつ } c_1 = \cdots = c_n = 0 \text{ ではない} \qquad \text{(III.4)}$$

すなわち

$$c_1 v_1 + \cdots c_n v_n = \mathbf{0} \text{ かつ } c_1, \cdots, c_n \text{ の中に } 0 \text{ でないものがある}$$
$$\text{(III.5)}$$

という命題であり，線形従属の定義と一致するからである．

例 III.3

$\mathbf{R}^2$ の単位ベクトル $e_1 = (1, 0), e_2 = (0, 1)$ は線形独立である．なぜなら

$$c_1 e_1 + c_2 e_2 = \mathbf{0} \tag{III.6}$$

と仮定すると，左辺は $c_1(1, 0) + c_2(0, 1) = (c_1, c_2)$ であることより，式 (III.6) から $(c_1, c_2) = (0, 0)$ すなわち $c_1 = c_2 = 0$ であることが導かれるからである．

❖ 定義 III.6 ❖

線形空間 V の元 $v_1, \cdots, v_n$ が線形独立であり，しかも V の任意の元 v に対して

$$v = c_1 e_1 + \cdots c_n e_n \tag{III.7}$$

をみたす $c_1, \cdots, c_n \in k$ が存在するとき，$v_1, \cdots, v_n$ は V の基底である，という．

注意 2 式 (III.2) の「生成される部分空間」の記号を使えば，$v_1, \cdots, v_n$ が線形独立であって $V = \langle v_1, \cdots, v_n \rangle$ が成り立つときに，$v_1, \cdots, v_n$ は V の基底である，ということになる．

例 III.4

$\mathbf{R}^2$ の単位ベクトル $e_1 = (1, 0), e_2 = (0, 1)$ は $\mathbf{R}^2$ の基底である．なぜなら，例 III.3 によってこれらは線形独立であり，さらに任意の $v \in \mathbf{R}^2$ は $v = (x, y)$ $(x, y \in \mathbf{R})$ と表されるから，$v = (x, 0) + (0, y) = xe_1 + ye_2$ というように e_1 と e_2 の線形結合で表されるからである．

❖ 定義 III.7 ❖

k 上の線形空間 V が n 個の元からなる基底をもつとき，V の次元は n であるといい

$$\dim_k V = n \tag{III.8}$$

と書き表す．

例 III.5

例 III.4 によって $\dim_{\mathbf{R}} \mathbf{R}^2 = 2$ である．一般に k^n については，n 個の元 $e_1 = (1, 0, 0, \cdots, 0), e_2 = (0, 1, 0, \cdots, 0), \cdots, e_n(0, 0, 0, \cdots, 1)$ が基底となる（⇐ 標準基底とよばれる）から，$\dim_k k^n = n$ である．

III.5 　線形写像

❖ 定義 III.8 ❖

k 上の線形空間 V, W に対し，V から W への写像 $f : V \to W$ が次の 2 条件
(1) 　任意の $v, v' \in V$ に対して $f(v + v') = f(v) + f(v')$
(2) 　任意の $c \in k$ と任意の $v \in V$ に対して $f(cv) = cf(v)$
をみたすとき，f は V から W への線形写像であるという．とくに $W = V$ のとき，すなわち f が V から V への線形写像であるとき，f は V の線形変換であるという．

条件 (1) は f が群としての準同型であることを主張している．したがって群論で導入された「核」や「像」の概念が，そのまま線形写像についても全く同様に定義される：

❖ 定義 III.9 ❖

k 上の線形空間 V, W と，線形写像 $f: V \to W$ に対し，その核 $Ker(f)$，像 $Im(f)$ を次のように定義する：

$$\begin{align} Ker(f) &= \{v \in V; f(v) = \mathbf{0}\} \\ Im(f) &= \{f(v); v \in V\} \end{align}$$

第 I 章でみたように，$Ker(f)$ は V の部分群，$Im(f)$ は W の部分群であるが，線形写像の核と像はさらに部分空間にもなっている：

❖ 命題 III.10 ❖

k 上の線形空間 V, W と，線形写像 $f: V \to W$ に対し
(1) 核 $Ker(f)$ は V の部分空間である．
(2) 像 $Im(f)$ は W の部分空間である．

証明

部分群であることはすでに証明されているから，定数倍に関して閉じていることをそれぞれいえばよい．
(1) $c \in k$ と $v \in Ker(f)$ に対し

$$\begin{align} f(cv) &= cf(v) \quad (\Leftarrow f \text{ の線形性}) \\ &= c \cdot \mathbf{0} \quad (\Leftarrow \text{核の定義}) \\ &= \mathbf{0} \quad (\Leftarrow \text{練習問題 \boxed{\text{III-1}} 参照}) \end{align}$$

となるから $cv \in Ker(f)$ であり，したがって命題 III.2 の (2) も成り立つから，$Ker(f)$ は V の部分空間である．
(2) $w \in Im(f)$ に対し，像の定義によって $f(v) = w$ となる V の元 v が存在する．したがって $c \in k$ に対して

$$\begin{align} cw &= cf(v) \\ &= f(cv) \quad (\Leftarrow f \text{ の線形性}) \\ &\in Im(f) \quad (\Leftarrow \text{像の定義}) \end{align}$$

となって命題 III.2 の (2) も成り立つから，$Im(f)$ は V の部分空間である．□

例 III.6

未知数 x, y に関する連立方程式

$$\begin{cases} x + 2y = 4 \\ 3x + 6y = 12 \end{cases}$$

を解くということを，核と像の概念を通して述べてみよう．これを行列で表すと

$$\begin{pmatrix} 1 & 2 \\ 3 & 6 \end{pmatrix} \begin{pmatrix} x \\ y \end{pmatrix} = \begin{pmatrix} 4 \\ 12 \end{pmatrix} \tag{III.9}$$

と表すことができる．さらに $\mathbf{R}^2$ は，2つの実数を成分とする列ベクトルの集合と見れば，行列の掛け算は

$$\begin{pmatrix} x \\ y \end{pmatrix} \to \begin{pmatrix} 1 & 2 \\ 3 & 6 \end{pmatrix} \begin{pmatrix} x \\ y \end{pmatrix} = \begin{pmatrix} x + 2y \\ 3x + 6y \end{pmatrix} = f\left(\begin{pmatrix} x \\ y \end{pmatrix}\right)$$

という対応によって，$f : \mathbf{R}^2 \to \mathbf{R}^2$ という線形写像を定めている．すると

方程式 (III.9) が解をもつかどうか

という問題は

$$f\left(\begin{pmatrix} x \\ y \end{pmatrix}\right) = \begin{pmatrix} 4 \\ 12 \end{pmatrix} \text{ をみたす } \begin{pmatrix} x \\ y \end{pmatrix} \text{ が存在するか}$$

という問題と同値であり，これはさらに

$$\begin{pmatrix} 4 \\ 12 \end{pmatrix} \text{ は } f \text{ の像 } Im(f) \text{ に属しているか} \tag{III.10}$$

という問題と同値である．ここで実際 $x = 4, y = 0$ とすれば

$$f\left(\begin{pmatrix} 4 \\ 0 \end{pmatrix}\right) = \begin{pmatrix} 4 + 2 \cdot 0 \\ 3 \cdot 4 + 6 \cdot 0 \end{pmatrix} = \begin{pmatrix} 4 \\ 12 \end{pmatrix}$$

となるから，(III.9) が成り立つことが確かめられる．さらに基本変形を用いてもとの連立方程式を解けば，その一般解が

$$\begin{cases} x = 4 - 2t \\ y = t \end{cases} \quad (t \text{ はパラメータ})$$

と表されることは線形代数学の初期の段階で習うことだが，これも

$$Ker(f) = \left\{ \begin{pmatrix} -2t \\ t \end{pmatrix} ; t \in \mathbf{R} \right\}$$

であることに注意すると，一般解の集合が

$$\begin{pmatrix} 4 \\ 0 \end{pmatrix} + Ker(f)$$

というように核を平行移動した集合になっている，と解釈できるのである．つまり

> 連立方程式の一般解を求めること＝係数行列の像と核を求めること

という形で，手続きとしての線形代数から，理論としての線形代数へと理解を深めることができるのである．

練習問題

- III-1 k 上の線形空間 V の単位元 $\mathbf{0}$ と，任意の定数 $c \in k$ に対して，$c\mathbf{0} = \mathbf{0}$ であることを示せ．

- III-2 k 上の線形空間 V, W と，線形写像 $f : V \to W$ に対し，$f(\mathbf{0}) = \mathbf{0}$ であることを示せ．ただし V の単位元も W の単位元も $\mathbf{0}$ で表している．

- III-3 k 上の線形空間 V と，そのいくつかの元 $v_1, \cdots, v_n$ に対して，$\langle v_1, \cdots, v_n \rangle$ は V の部分空間であることを示せ．

補説 第IV章 商空間と線形写像

第 11 章の補題 11.6 を，商空間を用いて証明するのが本章の目標である．それは次のような補題であった：

> **❖ 補題 IV.1 ❖**
>
> $\mathbf{C}$ 上の線形空間 V と，線形写像 $f_i : V \to \mathbf{C}$ $(i = 0, 1, \cdots, n)$ に対し
> $$W = \{v \in V ; f_1(v) = 0, \cdots, f_n(v) = 0\}$$
> とおく．このとき，もし $f_0(W) = \{0\}$ ならば，f_0 は f_i $(i = 1, \cdots, n)$ の線形結合として表される．

補題 IV.1 の証明

f_i $(i = 1, \cdots, n)$ を用いて新たな写像 $F : V \to \mathbf{C}^n$ を

$$F(v) = (f_1(v), \cdots, f_n(v)) \tag{IV.1}$$

で定義する．これはもちろん線形写像であり，その核を計算すると

$$\begin{aligned}
Ker(F) &= \{v \in V ; F(v) = \mathbf{0}\} & (\Leftarrow \text{核の定義より}) \\
&= \{v \in V ; (f_1(v), \cdots, f_n(v)) = \mathbf{0}\} & (\Leftarrow F \text{の定義式 (IV.1) より}) \\
&= \{v \in V ; f_1(v) = 0, \cdots, f_n(v) = 0\} \\
&= W
\end{aligned}$$

である．したがって補題の仮定によって

$$f_0(Ker(F)) = \{0\} \tag{IV.2}$$

が成り立つ．また $Ker(F)$ の定義そのものによって

$$F(Ker(F)) = \{\mathbf{0}\} \tag{IV.3}$$

も成り立っていることもおさえておく．以下，図 IV.1 を用いて記号を説明しながら証明を進めて行く．

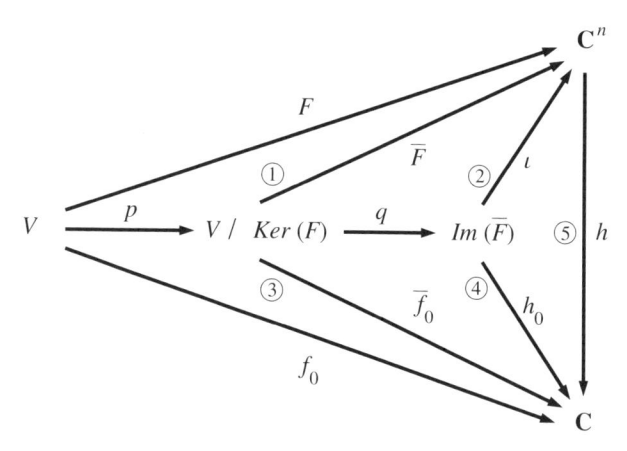

図 **IV.1** 可換図式

次の 3 つの線形代数の事実を使う：

(1) 線形写像 $g: V_1 \to V_2$ と V_1 の線形部分空間 W_1 に対し，$p: V_1 \to V_1/W_1$ を自然な射影とする．このとき，もし $g(W_1) = \{\mathbf{0}\}$ ならば，$g = \bar{g} \circ p$ が成り立つような線形写像 $\bar{g}: V_1/W_1 \to V_2$ が存在する．

(2) V_1 の線形部分空間 W_1 上で定義された線形関数 $h_0: W_1 \to \mathbf{C}$ に対し，$h_0 = h \circ \iota$ が成り立つような線形関数 $h: V_1 \to \mathbf{C}$ が存在する．ただし $\iota: W_1 \to V_1$ は自然な単射写像である．

(3) 任意の線形関数 $h: \mathbf{C}^n \to \mathbf{C}$ は適当な定数 $c_1, \cdots, c_n \in \mathbf{C}$ を用いて
$$h(x_1, \cdots, x_n) = c_1 x_1 + \cdots + c_n x_n$$
と表せる．

① の可換性

$F: V \to \mathbf{C}^n$ は,式 (IV.3) によって $F(Ker(F)) = \{\mathbf{0}\}$ をみたしているから,(1) を F に対して適用すると $F = \bar{F} \circ p$ となる線形写像 $\bar{F}: V/\mathrm{Ker}\, F \to \mathbf{C}^n$ が構成できる.したがって図 IV.1 の ① は可換である.また p は全射だから $Im(F) = Im(\bar{F})$ であることにも注意しよう.

② の可換性

$\bar{F}$ の像 $\mathrm{Im}\, \bar{F}$ は $\mathbf{C}^n$ の線形部分空間であり,したがって $\iota: \mathrm{Im}\, \bar{F} \to \mathbf{C}^n$ を自然な単射写像とすれば,$\bar{F} = \iota \circ q$ をみたす線形写像 $q: V/\mathrm{Ker}\, F \to \mathrm{Im}\, \bar{F}$ が存在する.したがって図 IV.1 の ② は可換である.さらに準同型定理によってこの q は同型写像であることにも注意しておく($\Leftarrow \mathrm{Im} F = \mathrm{Im} \bar{F}$ であった).

③ の可換性

$f_0: V \to \mathbf{C}$ は式 (IV.2) によって $f_0(Ker(F)) = \{0\}$ をみたしているから,(1) によって $f_0 = \bar{f}_0 \circ p$ となる線形写像 $\bar{f}_0: V/Ker(F) \to \mathbf{C}$ が構成できる.したがって ③ は可換である.

④ の可換性

q は同型写像だから逆写像 q^{-1} が存在する.そこで $h_0 = \bar{f}_0 \circ q^{-1}$ とおくと,h_0 は $\mathrm{Im}\, \bar{F}$ から $\mathbf{C}$ への線形写像であり,$h_0 \circ q = \bar{f}_0 \circ q^{-1} \circ q = \bar{f}_0$ となるから,④ は可換である.

⑤ の可換性

h_0 について (2) を適用すれば,$h_0 = h \circ \iota$ が成り立つような線形関数 $h: V_1 \to \mathbf{C}$ が存在することがわかる.したがって ⑤ は可換である.

上の ①,②,③,④,⑤ を合わせると

$$f_0 = h \circ F \tag{IV.4}$$

であることが次のように機械的にわかる：

$$
\begin{align*}
f_0 &= \bar{f}_0 \circ p && (\Leftarrow ③ \text{より}) \\
&= h_0 \circ q \circ p && (\Leftarrow ④ \text{より}) \\
&= h \circ \iota \circ q \circ p && (\Leftarrow ⑤ \text{より}) \\
&= h \circ \bar{F} \circ p && (\Leftarrow ② \text{より}) \\
&= h \circ F && (\Leftarrow ① \text{より})
\end{align*}
$$

したがって任意の $v \in V$ に対して

$$
\begin{align*}
f_0(v) &= h(F(v)) && (\Leftarrow \text{式 (IV.4) より}) \\
&= h(f_1(v), \cdots, f_n(v)) && (\Leftarrow F \text{の定義式 (IV.1) より}) \\
&= c_1 f_1(v) + \cdots + c_n f_n(v) && (\Leftarrow (3) \text{より})
\end{align*}
$$

が成り立つから，写像として

$$f_0 = c_1 f_1 + \cdots + c_n f_n$$

という等式が成り立ち，補題 IV.1 の証明が終わる． □

注意 1 このように，第 11 章と第 IV 章とで補題 11.6 の証明を 2 通り与えた．一言でいえば，第 11 章の証明は部分空間の補空間を用いるもの，第 IV 章の証明は部分空間による商空間を用いるものといえるのだが，実はこれら 2 つの証明が本質的に同値である，ということが本章の練習問題で示されることになる．

練習問題

IV-1 V が線形空間,W がその線形部分空間であるとき,商空間 V/W が W の V における補空間と同型であることを以下のようにして示せ.ここで W の V における補空間とは,V の線形部分空間 W' であって,V の任意の元 v が $v = w + w'$ $(w \in W, w' \in W')$ とただひと通りに表すことができるものをいう.

(1) W' から V への自然な単射を $\iota : W' \to V$,V から V/W への自然な全射を $p : V \to V/W$ とする.これらを合成した写像 $p \circ \iota$ を $f : W' \to V/W$ とするとき,f は単射であることを示せ.

(2) 問 (1) の写像 f は全射であり,したがって f は W' から V/W への同型写像であることを示せ.

集合の記号一覧

本書で用いられる集合に関する記号の定義をまとめておく．

A. 基本的な集合

数学全般で用いられる集合の標準的な記号である：

表1 標準的な集合の記号

記号	定義
N	自然数全体の集合
Z	整数全体の集合
Q	有理数全体の集合
R	実数全体の集合
C	複素数全体の集合
T	絶対値が1の複素数全体の集合
ϕ	空集合（1つも元をもたない集合）

B. 集合の元・部分集合

集合 X が与えられているとき，その元や部分集合に関する記号である：

表2 集合の元，個数，部分集合

記号	意味
$x \in X$	x は X の元である
$\#X$	X に属する元の個数
$Y \subset X$	Y は X の部分集合である
$\{x \in X ; x は性質 P をもつ\}$	X の元のうち性質 P をもつものの集合

たとえば表1の **T** はこの記号を使うと

$$\mathbf{T} = \{x \in \mathbf{C}; |x| = 1\}$$

と表すことができる．

C. 2つの集合から作られる集合

与えられた2つの集合 X, Y から作られる集合の記号である：

表3　和集合，共通部分，補集合，直積

記号	読み方	定義
$X \cup Y$	「X と Y の和集合」	X か Y のどちらかに属する元の集合
$X \cap Y$	「X と Y の共通部分」	X と Y の両方に属する元の集合
$X \setminus Y$	「X における Y の補集合」	X に属しているが Y には属さない元の集合
$X \times Y$	「X と Y の直積」	X の元と Y の元の組の集合

特に表3の4番目にある直積において $Y = X$ のときは表4の記号を使う：

表4　自分自身の直積

記号	定義	意味
X^2	$X \times X$	X の2個の元の組の集合
X^n	$\underbrace{X \times \cdots \times X}_{n 個}$	X の n 個の元の組の集合

D. 写像・像・逆像

集合 X から集合 Y への写像 f とは，X の任意の元 x に Y の元 $f(x)$ を対応させるルールのことである．これを

$$f : X \to Y$$

と表す．そして写像 $f : X \to Y$ が与えられているとき，X の部分集合 A の像 $f(A)$，Y の部分集合 B の逆像 $f^{-1}(B)$ が次のように定義される：

表 5　像，逆像

記号	定　義	意　味
$f(A)$	$\{f(x) \in Y ; x \in A\}$	f の A での値の集合
$f^{-1}(B)$	$\{x \in X ; f(x) \in B\}$	f の値が B に入る元の集合

E. 単射・全射・全単射

写像 $f : X \to Y$ が単射であるとは

$$X \text{ の任意の元 } x, x' \text{ に対して}$$
$$x \neq x' \Rightarrow f(x) \neq f(x')$$

が成り立つことをいう．この対偶を取って

$$X \text{ の任意の元 } x, x' \text{ に対して}$$
$$f(x) = f(x') \Rightarrow x = x'$$

という形にしたものも単射の条件としてよく用いられる．

写像 $f : X \to Y$ が全射であるとは

Y の任意の元 y に対して $y = f(x)$ となるような $x \in X$ が存在する

という条件が成り立つことをいう．像の記号を使えば「$f(X) = Y$」と表すこともできる．

写像 $f : X \to Y$ が全単射であるとは

f が全射であってしかも単射である

ことをいう．

F. 実数の区間

実数 a, b に対して以下の 4 通りの区間の記号がある：

表 6 実数の区間

記号	定　義	意　味
$[a,b]$	$\{x \in \mathbf{R}; a \leq x \leq b\}$	a 以上 b 以下の実数の集合
(a,b)	$\{x \in \mathbf{R}; a < x < b\}$	a より大きく b より小さい実数の集合
$(a,b]$	$\{x \in \mathbf{R}; a < x \leq b\}$	a より大きく b 以下の実数の集合
$[a,b)$	$\{x \in \mathbf{R}; a \leq x < b\}$	a 以上で b より小さい実数の集合

G. 集合の族から作られる集合

集合の族 $X_i \, (i \in I)$ が与えられているときの和集合と共通部分の記号である：

表 7 集合族の和集合と共通部分

記　号	定　義
$\bigcup_{i \in I} X_i$	少なくとも 1 つの $X_i \, (i \in I)$ に属する元の集合
$\bigcap_{i \in I} X_i$	すべての $X_i \, (i \in I)$ に属する元の集合

練習問題解答

第 1 章

1-1 (1) $\mathbf{a}_0, \mathbf{a}_1$ の値を決めればほかの値はすべて決まる．$(\mathbf{a}_0, \mathbf{a}_1) = (0, 0)$ のときは，ほかの値もすべて 0 になるから除かれる．また $(\mathbf{a}_0, \mathbf{a}_1) = (1, 1)$ のときは $\mathbf{a}_2 = -2$ となって条件をみたさない．$(\mathbf{a}_0, \mathbf{a}_1) = (-1, -1)$ の場合も同様である．したがってあとは $(\mathbf{a}_0, \mathbf{a}_1) = (0, 1)$, $(0, -1), (1, 0), (-1, 0), (1, -1), (-1, 1)$ の 6 つの場合があるが，最初の $(\mathbf{a}_0, \mathbf{a}_1) = (0, 1)$ のときは，$\mathbf{a}_2 = -1, \mathbf{a}_3 = 0, \mathbf{a}_4 = 1, \mathbf{a}_5 = -1, \mathbf{a}_6 = 0, \cdots$ というように周期 3 で $\{0, 1, -1\}$ が繰り返されるアレイとなる．このアレイを $\mathbf{a}^0$ とよぶことにすると，ほかの 5 つの場合のアレイはそれぞれ $-\mathbf{a}^0, -T_1\mathbf{a}^0, T_1\mathbf{a}^0, T_{-1}\mathbf{a}^0, -T_{-1}\mathbf{a}^0$ となる（⇒ 解図 1 参照）．ここに整数 k に対し $T_k\mathbf{a}$ はその i での値が $\mathbf{a}_{i-k}$ であるようなアレイを表す記号である．

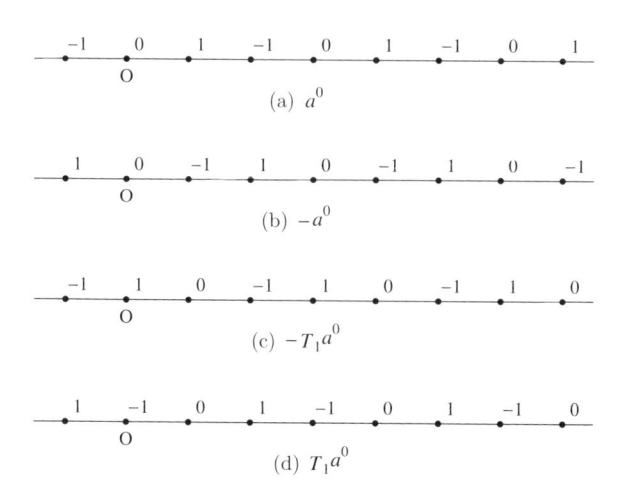

```
    -1    0    1   -1    0    1   -1    0    1
 ———•————•————•————•————•————•————•————•————•———
              O
                    (a) $a^0$

     1    0   -1    1    0   -1    1    0   -1
 ———•————•————•————•————•————•————•————•————•———
              O
                    (b) $-a^0$

    -1    1    0   -1    1    0   -1    1    0
 ———•————•————•————•————•————•————•————•————•———
              O
                    (c) $-T_1 a^0$

     1   -1    0    1   -1    0    1   -1    0
 ———•————•————•————•————•————•————•————•————•———
              O
                    (d) $T_1 a^0$
```

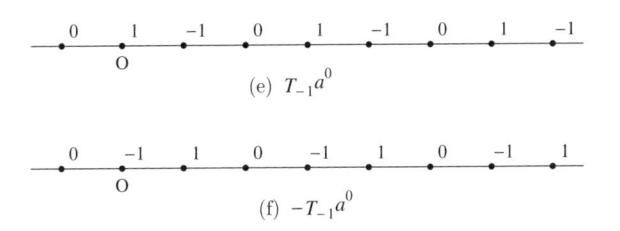

```
  0   1  -1   0   1  -1   0   1  -1
──•───•───•───•───•───•───•───•───•──
          O
              (e) $T_{-1}a^0$

  0  -1   1   0  -1   1   0  -1   1
──•───•───•───•───•───•───•───•───•──
          O
              (f) $-T_{-1}a^0$
```

解図 1

(2) $m_{\mathbf{w}} = 1 + x + x^2$

(3) $x = \omega, \omega^2$. $\mathbf{a}_i = \omega^i$, $\mathbf{b}_i = \omega^{2i}$

(4) $\mathbf{a}^0 = \dfrac{1}{\omega - \omega^2}(\mathbf{a} - \mathbf{b})$, $-\mathbf{a}^0 = -\dfrac{1}{\omega - \omega^2}(\mathbf{a} - \mathbf{b})$,

$-T_1 \mathbf{a}^0 = -\dfrac{1}{\omega - \omega^2}(\omega^2 \mathbf{a} - \omega \mathbf{b})$, $T_1 \mathbf{a}^0 = \dfrac{1}{\omega - \omega^2}(\omega^2 \mathbf{a} - \omega \mathbf{b})$,

$T_{-1} \mathbf{a}^0 = \dfrac{1}{\omega - \omega^2}(\omega \mathbf{a} - \omega^2 \mathbf{b})$, $-T_{-1} \mathbf{a}^0 = -\dfrac{1}{\omega - \omega^2}(\omega \mathbf{a} - \omega^2 \mathbf{b})$

1-2 (1) **Z** 上の周期 3 の関数 $f : \mathbf{Z} \to \mathbf{Z}$ を $f(0) = 0$, $f(1) = 1$, $f(2) = -1$, $f(n+3) = f(n)$ $(n \in \mathbf{Z})$ で定義し, アレイ $\mathbf{a}^0$ を $\mathbf{a}^0_{(i,j)} = f(i+j)$ で定義する. このとき求めるアレイは $\mathbf{a}^0, -\mathbf{a}^0, -T_{(1,0)}\mathbf{a}^0, T_{(1,0)}\mathbf{a}^0$, $T_{(-1,0)}\mathbf{a}^0, -T_{(-1,0)}\mathbf{a}^0$ となる (⇒ 解図 2 参照). ここに整数 k, l に対し $T_{(k,l)}\mathbf{a}$ はその (i, j) での値が $\mathbf{a}_{(i-k, j-l)}$ であるようなアレイを表す記号である.

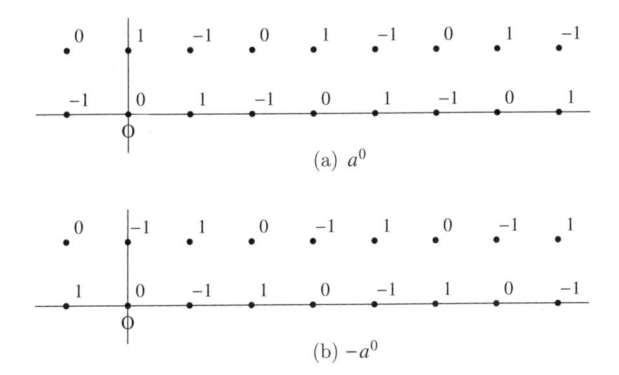

```
  0  | 1  -1   0   1  -1   0   1  -1
  •  | •   •   •   •   •   •   •   •
 -1  | 0   1  -1   0   1  -1   0   1
──•──|─•───•───•───•───•───•───•───•──
     O
              (a) $a^0$

  0  |-1   1   0  -1   1   0  -1   1
  •  | •   •   •   •   •   •   •   •
  1  | 0  -1   1   0  -1   1   0  -1
──•──|─•───•───•───•───•───•───•───•──
     O
              (b) $-a^0$
```

(c) $-T_{(1,0)}a^0$

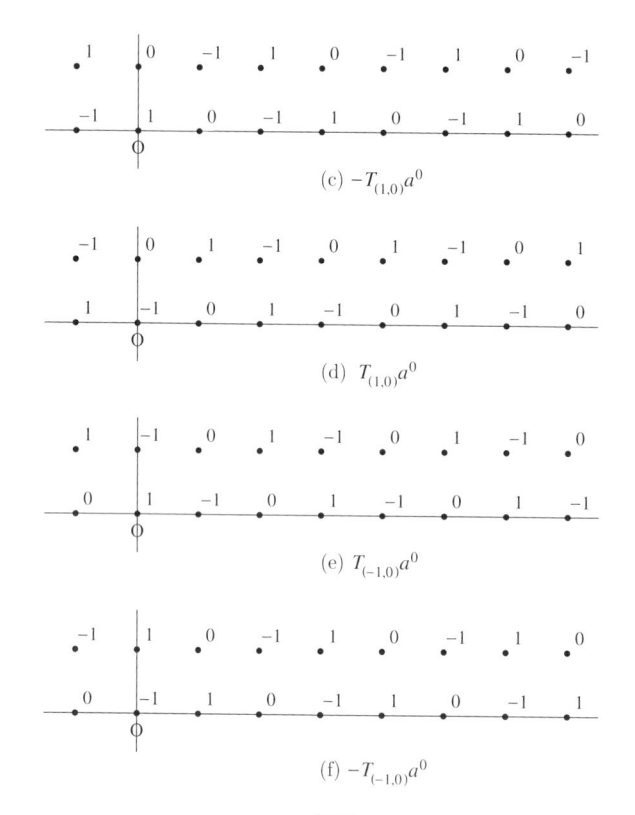

(d) $T_{(1,0)}a^0$

(e) $T_{(-1,0)}a^0$

(f) $-T_{(-1,0)}a^0$

解図 2

(2) $m_{\mathbf{w}} = 1 + x + xy$

(3) $(x, y) = (\omega, \omega), (\omega^2, \omega^2)$. $\mathbf{a}_{(i,j)} = \omega^{(i+j)}, \mathbf{b}_{(i,j)} = \omega^{2(i+j)}$

(4) $\mathbf{a}^0 = \dfrac{1}{\omega - \omega^2}(\mathbf{a} - \mathbf{b})$, $-\mathbf{a}^0 = -\dfrac{1}{\omega - \omega^2}(\mathbf{a} - \mathbf{b})$, $-T_{(1,0)}\mathbf{a}^0$
$= -\dfrac{1}{\omega - \omega^2}(\omega^2\mathbf{a} - \omega\mathbf{b})$, $T_{(1,0)}\mathbf{a}^0$
$= \dfrac{1}{\omega - \omega^2}(\omega^2\mathbf{a} - \omega\mathbf{b})$, $T_{(-1,0)}\mathbf{a}^0$
$= \dfrac{1}{\omega - \omega^2}(\omega\mathbf{a} - \omega^2\mathbf{b})$, $-T_{(-1,0)}\mathbf{a}^0 = -\dfrac{1}{\omega - \omega^2}(\omega\mathbf{a} - \omega^2\mathbf{b})$

第2章

2-1 (1) 2次元のアレイ $\mathbf{b} = (\mathbf{b}_{(i,j)})_{(i,j) \in \mathbf{Z}^2}$ を次のように定める：

$$\mathbf{b}_{(i,j)} = \begin{cases} 2, & i+j \text{ が偶数} \\ 1, & i+j \text{ が奇数} \end{cases}$$

このとき $\Delta_{\chi^s}(\mathbf{a}) = \mathbf{b}$ である．

(2) $\Delta_\mathbf{w}(\mathbf{a}) = \mathbf{0}$

(3) $(\mathbf{w}_{(0,0)}, \mathbf{w}_{(1,0)}, \mathbf{w}_{(0,1)}, \mathbf{w}_{(1,1)}) = (1, 1, -1, -1)$, $(1, -1, 1, -1)$, $(-1, 1, -1, 1)$, $(-1, -1, 1, 1)$ で，ほかの点での値は 0．

第3章

3-1 (1) $\mathbf{a} = (\mathbf{a}_i) \in \mathbf{A}_\mathbf{w}$ とすると，$d_\mathbf{w}(\mathbf{a}) = -\mathbf{a}_0 + \mathbf{a}_1 = 0$ より $\mathbf{a}_1 = \mathbf{a}_0$．また $d_{\mathbf{w}+\mathbf{1}}(\mathbf{a}) = -\mathbf{a}_1 + \mathbf{a}_2 = 0$ より $\mathbf{a}_2 = \mathbf{a}_1 = \mathbf{a}_0$．同様にしてすべての $i \in \mathbf{Z}$ に対して $\mathbf{a}_i = \mathbf{a}_0$ であることがわかる．よって $\mathbf{A}_\mathbf{w} = \{c\mathbf{1}; c \in \mathbf{C}\}$．ここに「$\mathbf{1}$」はすべての値が 1 であるようなアレイを表す．

(2) $\Delta_\mathbf{w}(\mathbf{a}) = \mathbf{1}$, $\Delta_\mathbf{w}^2(\mathbf{a}) = \mathbf{0}$．

3-2 (1) $\mathbf{a}_i = 1$

(2) $\mathbf{b}_i = i$

(3) $\mathbf{c} = p\mathbf{a} + q\mathbf{b}$

(4) 問 (3) のように，$\mathbf{A}_\mathbf{w}$ の元はすべて $\mathbf{a}$ と $\mathbf{b}$ の線形結合で表され，しかも $\mathbf{a}$ と $\mathbf{b}$ は線形独立だから 2 次元である．

第4章

4-1 (1) $m_\mathbf{w} = z_1 + z_2 + z_3 + \dfrac{1}{z_1} + \dfrac{1}{z_2} + \dfrac{1}{z_3} - 6$

(2) $(z_1, z_2, z_3) = (1, 1, 1)$

(3) $\dim_\mathbf{C} \mathbf{A}_\mathbf{w}^0 = 1$, $\mathbf{A}_\mathbf{w}^0 = \langle \mathbf{1} \rangle_\mathbf{C}$

4-2 $m_\mathbf{w} = 1 - 2z_1 + z_1^2 = (z_1 - 1)^2$．したがって $V_\mathbf{T}(m_\mathbf{w}) = \{1\}$ であり，$\dim_\mathbf{C} \mathbf{A}_\mathbf{w}^0 = 1$, $\mathbf{A}_\mathbf{w}^0 = \langle \mathbf{1} \rangle_\mathbf{C}$ となる．

第 5 章

5-1 まず $e^{ix} = e^{ix'}$ が成り立つならば $x' = x + 2n\pi$ をみたす整数 n が存在する ($\Leftarrow$ 式 (5.4)) から $h(x') = h(x + 2n\pi) = h(x)$ ($\Leftarrow h(x)$ は周期 2π をもつから) が成り立っていることに注意する. そこで任意の $z \in \mathbf{T}$ に対し $z = e^{ix}$ となるような x をとり, $g(z) = h(x)$ とおけば $\mathbf{T}$ 上の関数 g を矛盾なく定義することができ, $g \circ f = h$ が成り立っている.

5-2 $(1) \Rightarrow (2)$: $e^{i(\alpha+\beta)} = \cos(\alpha + \beta) + i\sin(\alpha + \beta)$ の左辺は (1) より $e^{i\alpha} \cdot e^{i\beta} = (\cos\alpha + i\sin\alpha)(\cos\beta + i\sin\beta) = (\cos\alpha\cos\beta - \sin\alpha\sin\beta) + i(\sin\alpha\cos\beta + \cos\alpha\sin\beta)$ となる. この実部と虚部を右辺と比較すれば加法定理が出る.

$(2) \Rightarrow (1)$: 上の証明を逆にたどればよい.

第 6 章

6-1 「$\varphi(v) = 0$ ならば $v = 0$ が成り立つ」という命題を (A) とよぶことにする. まず「φ が単射 $\Rightarrow$(A)」が成り立つことを示す. φ は線形写像だから $\varphi(0) = 0$ であることに注意する. したがって $\varphi(v) = 0$ とすると $\varphi(v) = \varphi(0)$ であり, φ が単射ということから, $v = 0$ となり, (A) が成り立つ. 逆に (A) を仮定して,「$\varphi(v) = \varphi(w) \Rightarrow v = w$」であることを示すのだが, φ は線形写像だから, $\varphi(v) - \varphi(w) = \varphi(v - w)$ であることに注意すれば, $\varphi(v) = \varphi(w)$ から $\varphi(v - w) = 0$ が出る. したがって (A) より $v - w = 0$ であり, 移項して $v = w$ となる.

6-2 (1) D_a の線形性: $u, v \in C^\infty(\mathbf{T})$ に対して $D_a(u+v) = (u+v)'(a) = u'(a) + v'(a) = D_a(u) + D_a(v)$. また任意の定数 $c \in \mathbf{C}$ に対して $D_a(cu) = (cu)'(a) = cu'(a) = cD_a(u)$ となるから D_a は線形写像である.

(2) D_a の連続性: $\lim_{k \to \infty} u_k = u$ とすると任意の $p \geq 0$ に対して $||D^p u_k - D^p u|| \to 0 \ (k \to \infty)$ である. したがって特に $||u_k' - u'|| \to 0 \ (k \to \infty)$ が成り立つが, $|D_a(u_k) - D_a(u)| = |u_k'(a) - u(a)| \leq ||u_k' - u'||$ だからはさみうちの原理によって $|D_a(u_k) - D_a(u)| \to 0 \ (k \to \infty)$ となり, 連続性も示される.

第7章

7-1 $u=0$ のときは明らかだから, $u \neq 0$ としてよい. そこで $\max_{0 \leq i \leq p} ||D^i u|| = M(>0)$ とおく. ライプニッツの公式により $D^p(uv_k) = \sum_{i=0}^{p} \binom{p}{i} D^i u D^{p-i} v_k$ であるが, 仮定によって任意の $\epsilon > 0$ に対して整数 N が存在して, $k > N$ ならば $||D^p v_k - D^p v|| < \dfrac{\epsilon}{2^p M(p+1)}$ が成り立っているから, $||D^p(uv_k) - D^p(uv)|| \leq \sum_{i=0}^{p} \binom{p}{i} ||D^i u D^{p-i} v_k - D^i u D^{p-i} v|| \leq \sum_{i=0}^{p} \binom{p}{i} ||D^i u|| \cdot ||D^{p-i} v_k - D^{p-i} v|| \leq M \sum_{i=0}^{p} \binom{p}{i} ||D^{p-i} v_k - D^{p-i} v|| < \epsilon$. したがって任意の整数 $p \geq 0$ に対して $\lim_{k \to \infty} ||D^p(uv_k) - D^p(uv)|| = 0$ である.

7-2 任意の $u, v \in C^\infty(\mathbf{T})$ に対して $(DF)(u+v) = -F((u+v)') = -F(u' + v') = -F(u') - F(v') = (DF)(u) + (DF)(v)$ であり, 定数 $c \in \mathbf{C}$ に対して $(DF)(cu) = -F((cu)') = -F(cu') = -cF(u') = c(DF)(u)$ となる. したがって DF は線形写像である.

7-3 任意の $v \in C^\infty(\mathbf{T})$ に対して, $(D(uF))(v) = -(uF)(v') = -F(uv')$ (*) であり, 一方 $(u(DF))(v) = (DF)(uv) = -F((uv)') = -F(u'v + uv') = -F(u'v) - F(uv') = -(u'F)(v) - F(uv')$ (**) である. (*) から (**) を引くと $(D(uF))(v) - (u(DF))(v) = (u'F)(v)$ となり, $D(uF) - u(DF) = u'F$ となることが証明された.

第8章

8-1 命題 8.3 より $(\widehat{D\delta_a})(n) = in\hat{\delta_a}(n)$ であり, この右辺は 8.1 節の例より ina^{-n} に等しい. したがって $(\widehat{D\delta_a})(n) = ina^{-n}$. これより $(\widehat{-iD\delta_1})(n) = (-i\widehat{D\delta_1})(n) = -i \cdot in1^{-n} = n$ となる.

8-2 例えば $k=2$ のときは, $(\widehat{D^2\delta_a})(n) = (\widehat{D(D\delta_a)})(n) = in\widehat{D\delta_a}(n)(\Leftarrow$ 命題 8.3 より$) = (in)^2\hat{\delta_a}(n)(\Leftarrow$ もう一度命題 8.3 より$) = (in)^2 a^{-n}(\Leftarrow$8.2 節の例より$)$ となる. 同様にして $(\widehat{D^k\delta_a})(n) = (in)^k a^{-n}$ となる.

8-3 定義 (8.3) より, $k \neq n$ のときは $\hat{e}_k(n) = \dfrac{1}{2\pi} \int_0^{2\pi} e_k(x) e^{-inx} dx = \dfrac{1}{2\pi} \int_0^{2\pi} e^{i(k-n)x} dx = \dfrac{1}{2\pi i(k-n)} \left[e^{i(k-n)x} \right]_0^{2\pi} = 0$ であり, $k=n$ のときは $\hat{e}_k(n) = \dfrac{1}{2\pi} \int_0^{2\pi} e_k(x) e^{-inx} dx = \dfrac{1}{2\pi} \int_0^{2\pi} dx = 1$ となる.

第9章

9-1 超関数 $F \in \mathbf{D}(\mathbf{T})$ に対して $\mathcal{F}(F) = \hat{F} = (\hat{F}(n))_{n \in \mathbf{Z}}$ と定義した．したがって前章の記号を用いると $\mathcal{F}(F) = (C_n(F))_{n \in \mathbf{Z}}$ と表される．すると $F, G \in \mathbf{D}(\mathbf{T})$ に対し $\mathcal{F}(F+G) = (C_n(F+G))_{n \in \mathbf{Z}}$ となるが，第8章の8.2節で見たように C_n は線形写像であるから，この右辺は $(C_n(F) + C_n(G))_{n \in \mathbf{Z}}$ となる．さらにこれはアレイの和の定義によって $(C_n(F))_{n \in \mathbf{Z}} + (C_n(G))_{n \in \mathbf{Z}}$，すなわち $\mathcal{F}(F) + \mathcal{F}(G)$ となって $\mathcal{F}(F+G) = \mathcal{F}(F) + \mathcal{F}(G)$ であることが示された．また $c \in \mathbf{C}$ に対して $\mathcal{F}(cF) = (C_n(cF))_{n \in \mathbf{Z}} = (cC_n(F))_{n \in \mathbf{Z}}$（$\Leftarrow$ C_n の線形性）$= c(C_n(F))_{n \in \mathbf{Z}}$（$\Leftarrow$ アレイの定数倍の定義）$= c\mathcal{F}(F)$ となるから前半と合わせて $\mathcal{F}$ の線形性が示された．

9-2 第8章練習問題 8-2 より $\widehat{(D^m \delta_a)}(n) = (in)^m a^{-n}$ であったから $\widehat{D^m \delta_a} = ((in)^m a^{-n})_{n \in \mathbf{Z}}$．したがって各項の絶対値は $|(in)^m a^{-n}| = |n|^m$ であり，$\widehat{D^m \delta_a} \in \mathbf{A}^m$ である．

9-3 $\mathbf{a} = (\mathbf{a}_n)_{n \in \mathbf{Z}}, \mathbf{a}' = (\mathbf{a}'_n)_{n \in \mathbf{Z}} \in \mathbf{A}^m$ とすると，正の定数 B と正の整数 N が存在して，$|n| \geq N$ をみたす整数 n に対して $|\mathbf{a}_n| \leq B|n|^m$ が成り立ち，同じようにアレイ $\mathbf{a}'$ に対しても正の定数 B' と正の整数 N' が存在して，$|n| \geq N'$ をみたす整数 n に対して $|\mathbf{a}'_n| \leq B'|n|^m$ が成り立つ．そこで $N_0 = max(N, N')$ とおくと，$|n| \geq N_0$ をみたす整数 n に対して $|\mathbf{a}_n| \leq B|n|^m, |\mathbf{a}'_n| \leq B'|n|^m$ が成り立つから，$|(\mathbf{a}+\mathbf{a}')_n| = |\mathbf{a}_n + \mathbf{a}'_n| \leq |\mathbf{a}_n| + |\mathbf{a}'_n| \leq (B+B')|n|^m$ であり，$\mathbf{a} + \mathbf{a}' \in \mathbf{A}^m$ であることがわかる．また定数 $c \in \mathbf{C}$ に対し $|(c\mathbf{a})_n| = |c\mathbf{a}_n| \leq |c||\mathbf{a}_n| \leq |c|B|n|^m$ となるから，$c\mathbf{a} \in \mathbf{A}^m$ である．よって $\mathbf{A}^m$ は $\mathbf{A}$ の線形部分空間である．

9-4 任意の $u \in C^\infty(\mathbf{T})$ に対して $|\delta_a(u)| = |u(a)| \leq \max_{z \in \mathbf{T}} |u(z)| = ||u||$ が成り立つ．したがって δ_a の位数は 0 以下であり，測度である．

9-5 任意の自然数 N に対して $||D^N v_n|| \to 0 \ (n \to \infty)$ であることを示せばよい．そこで任意の $\epsilon > 0$ に対して自然数 N_0 を $N_0 > \max(1/\epsilon, N)$ をみたすように取る．このとき $n > N_0$ ならば $n > N$ であるから $||D^N v_n|| \leq ||v_n||_{(n)} = 1/n$（$\Leftarrow$ 仮定より）$< 1/N_0$（$\Leftarrow n > N_0$）$< \epsilon$（$\Leftarrow N_0 > 1/\epsilon$）である．したがって $||D^N v_n|| \to 0 \ (n \to \infty)$ である．

第10章

10-1 1次関数 $f(x)$ を $f(x) = B' + B''x$ で定義し，$f(x_0/2) = y_0(>0)$ とおく．そして $C = y_0/(x_0/2)$ とおいて原点を通る直線 $y = Cx$ のグラフを考えれば，$Cx_0 > f(x_0)$ である．

10-2 $n \geq 2$ のとき $n^2 \geq n(n-1)$ であるから，$\dfrac{1}{n^2} \leq \dfrac{1}{n(n-1)}$．ここで
$$\sum_{n=2}^{N} \frac{1}{n(n-1)} = \sum_{n=2}^{N} \left(\frac{1}{n-1} - \frac{1}{n}\right) = \left(\frac{1}{1} - \frac{1}{2}\right) + \left(\frac{1}{2} - \frac{1}{3}\right) + \cdots + \left(\frac{1}{N-1} - \frac{1}{N}\right) = 1 - \frac{1}{N}$$
であるから $\sum_{n=2}^{\infty} \dfrac{1}{n(n-1)} = 1$，よって $\sum_{n=2}^{\infty} \dfrac{1}{n^2}$ も収束し，したがって $\sum_{n=1}^{\infty} \dfrac{1}{n^2}$ も収束する．

10-3 $F(cu) = \lim_{N \to \infty} F_{s_N}(cu)$ ($\Leftarrow$ 式 (10.13)) $= \lim_{N \to \infty} (cF_{s_N}(u))$ ($\Leftarrow F_{s_N}$ の線形性) $= c \lim_{N \to \infty} F_{s_N}(u)$ ($\Leftarrow \lim$ の線形性) $= cF(u)$ ($\Leftarrow$ 式 (10.13))．

第11章

11-1 $(fg)(z) \neq 0$ ならば $f(z) \neq 0$ かつ $g(z) \neq 0$ であるから，$\{z \in \mathbf{T}; (fg)(z) \neq 0\} \subset \{z \in \mathbf{T}; f(z) \neq 0\} \cap \{z \in \mathbf{T}; g(z) \neq 0\} \subset \overline{\{z \in \mathbf{T}; f(z) \neq 0\}} \cap \overline{\{z \in \mathbf{T}; g(z) \neq 0\}}$ である．この右辺は閉集合だから閉包の定義と台の定義より $\mathrm{supp}\,(fg) \subset (\mathrm{supp}\,f) \cap (\mathrm{supp}\,g)$ である．

11-2 (A) $\mathrm{supp}\,(fF) \subset (\mathrm{supp}\,f)$ であること：$\mathrm{supp}\,f = X$ とおき，$u \in \mathbf{C}^{\infty}(\mathbf{T})$ が $\mathrm{supp}\,u \cap X = \phi$ をみたしているとする．11-1 より $\mathrm{supp}\,(fu) \subset (\mathrm{supp}\,f) \cap (\mathrm{supp}\,u) = X \cap \mathrm{supp}\,u = \phi$ であるから $fu = 0$，したがって $(fF)(u) = F(fu) = F(0) = 0$ である．よって台の定義により $\mathrm{supp}\,(fF) \subset X = (\mathrm{supp}\,f)$．

(B) $\mathrm{supp}\,(fF) \subset (\mathrm{supp}\,F)$ であること：$\mathrm{supp}\,F = Y$ とおき，$u \in \mathbf{C}^{\infty}(\mathbf{T})$ が $\mathrm{supp}\,u \cap Y = \phi$ をみたしているとする．11-1 より $\mathrm{supp}\,(fu)$
$\subset (\mathrm{supp}\,u)$ であるから $\mathrm{supp}\,(fu) \cap Y = \phi$ である．したがって $\mathrm{supp}\,F$ の定義より $(fF)(u) = F(fu) = 0$ である．よって台の定義により $\mathrm{supp}\,(fF) \subset Y = (\mathrm{supp}\,F)$．これで (B) も示され，(A) と

(B) を合わせて $\mathrm{supp}\,(fF) \subset (\mathrm{supp}\,f) \cap (\mathrm{supp}\,F)$ が得られる.

11-3 $\mathbf{T}$ の開被覆 $\{U_1, \cdots, U_k\}$ であって $U_j \cap \{a_1, \cdots, a_k\} = a_j\,(1 \leq j \leq k)$ となるものを取る. そしてこの開被覆に付随する 1 の分割 $\{\varphi_j; 1 \leq j \leq k\}$ を取る ($\Leftarrow$ 補説 II.9 節参照). すなわち, $\varphi_j \geq 0$, $\mathrm{supp}\,\varphi_j \subset U_i\,(1 \leq j \leq k)$ であって, $\sum_{j=1}^k \varphi_j = 1$ をみたしているような C^∞ 関数の族 $\{\varphi_j; 1 \leq j \leq k\}$ を取る. すると $F = 1 \cdot F = (\sum_{j=1}^k \varphi_j)F = \sum_{j=1}^k (\varphi_j F)$ となるが, 11-2 より $\mathrm{supp}\,\varphi_j F \subset (\mathrm{supp}\,\varphi_j) \cap (\mathrm{supp}\,F) \subset U_j \cap \{a_1, \cdots, a_k\} = \{a_j\}$ であるから, 定理 11.4 より $\varphi_j F = \sum_{n=0}^N c_{j,n} D^n \delta_{a_j}$ となるような定数 $c_{j,n} \in \mathbf{C}\,(0 \leq n \leq N)$ が存在する. よって $F = \sum_{j=1}^k \sum_{n=0}^N c_{j,n} D^n \delta_{a_j}$ と表される.

11-4 命題 8.3 と第 8 章の例 1 より, $\widehat{D\delta_{z=a}}(n) = in\hat{\delta}_{z=a}(n) = ina^{-n}$ であり, 同様に $\widehat{D^m \delta_{z=a}}(n) = (in)^m \hat{\delta}_{z=a}(n)$ も成り立つ. 一方 11-3 より $F = \sum_{l=1}^k \sum_{m=0}^N c_{j,m} D^m \delta_{z=a_j}$ と表されるから, そのフーリエ係数は $\hat{F}(n) = \sum_{l=1}^k \sum_{m=0}^N c_{j,m} \widehat{D^m \delta_{z=a_j}}(n) = \sum_{l=1}^k \sum_{m=0}^N c_{j,m}(in)^m a_j^m$ と表される. これが有界となるためには 1 以上の m に対して $c_{j,m} = 0$ が成り立たなければならない. よって $F = \sum_{j=1}^k c_j \delta_{z=a_j}$ と表される.

第 12 章

12-1 $(\iota \circ \iota)(z) = \iota(\iota(z)) = \iota(1/z) = z$ であるから $\iota \circ \iota = id_\mathbf{T}$ であり, したがって ι は $\mathbf{T}$ から $\mathbf{T}$ への全単射である. このとき $\iota(V_\mathbf{T}(f)) = V_\mathbf{T}(f^*)$ であることが次のようにしてわかる. もし $z \in V_\mathbf{T}(f)$ とすると $z \in \mathbf{T}$ であって $f(z) = 0$ である. したがって $\iota(z) \in \mathbf{T}$ であってしかも $f^*(\iota(z)) = f^*(1/z) = f(z) = 0$ となるから, $\iota(z) \in V_\mathbf{T}(f^*)$ であることがわかる. 逆に $w \in V_\mathbf{T}(f^*)$ とすると, 今証明したことから $\iota(w) \in V_\mathbf{T}(f^{**}) = V_\mathbf{T}(f)$ であるから, $w = (\iota \circ \iota)(w) = \iota(\iota(w)) \in \iota(V_\mathbf{T}(f))$ であり, 逆の包含関係がある. よって $\iota(V_\mathbf{T}(f)) = V_\mathbf{T}(f^*)$ であり, $\sharp V_\mathbf{T}(f) = \sharp V_\mathbf{T}(f^*)$ であることがわかる.

12-2 f の次数が n より小さいときは $a_k \neq 0$ となる最小の k を取って考えればよいから, $a_0 \neq 0$ としてよい. 以下数学的帰納法で示す. $n = 1$ のとき主張は正しいから, $n \geq$ とし, $f(\alpha) = 0$ とすると因数定理によって

$f(x) = (x-\alpha)g(x)$ となるような $n-1$ 次多項式 $g(x)$ が存在する．帰納法の仮定によって $g(x)$ の根の個数は $n-1$ 以下であり，したがって $f(x)$ の根の個数は n 以下である．

12-3 式 (12.3) の行列を A とし，その行が線形独立でないとすると $Av = 0$ をみたすような，$\mathbf{0}$ でないベクトル $v \in \mathbf{C}^k$ が存在する．その v の成分を上から順に $a_{k-1}, a_{k-1}, \cdots, a_1, a_0$ とし，$f(x) = a_0 x^{k-1} + a_1 x^{k-2} + \cdots + a_{k^2} x + a_{k-1}$ とおくと，$Av = 0$ であることと「$f(p_i) = 0 \ (1 \leq i \leq k)$ が成り立つ $(*)$」こととは同値である．しかし後の命題 $(*)$ は **12-2** によって起こりえないから，A の行の線形独立性が示された．

12-4 $\mathbf{p} = (p_1, \cdots, p_n) = (e^{ix_1}, \cdots, e^{ix_n})$ とおくと，任意の $\mathbf{k} = (k_1, \cdots, k_n) \in \mathbf{Z}^n$ に対して，$\delta_{\mathbf{p}}(e_{-\mathbf{k}}) = e_{-\mathbf{k}}(x_1, \cdots, x_n) = e^{-ik_1 x_1} \cdots e^{-ik_n x_n} = p_1^{-k_1} \cdots p_n^{-k_n} = \mathbf{p}^{-\mathbf{k}}$．よって $\hat{\delta}_{\mathbf{p}} = (\mathbf{p}^{-\mathbf{k}})_{\mathbf{k} \in \mathbf{Z}^n}$ となる．

第13章

13-1 (1) $V_{\mathbf{T}^2}(m_{\mathbf{w}}) = \{(\omega, -1), (\omega^2, -1), (\zeta, \zeta^4), (\zeta^2, \zeta^3), (\zeta^3, \zeta^2), (\zeta^4, \zeta)\}$.

(2) (1) の解に対応するアレイを順に $\mathbf{a}^1, \mathbf{a}^2, \mathbf{a}^3, \mathbf{a}^4, \mathbf{a}^5, \mathbf{a}^6$ とすると解図3のようになる：

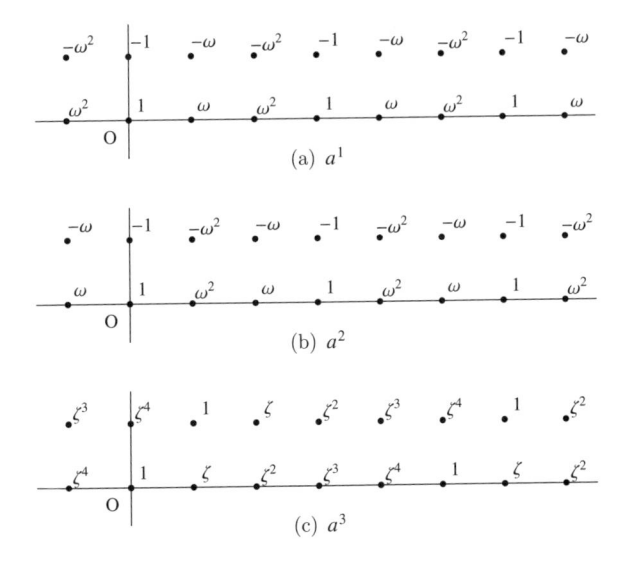

(a) a^1

(b) a^2

(c) a^3

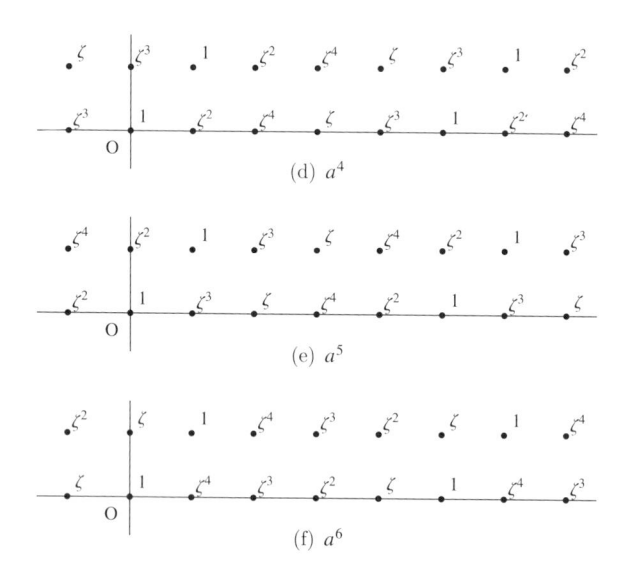

(d) a^4

(e) a^5

(f) a^6

解図 3

13-2 (1) $m_\mathbf{w} = 1 + z + z^2 + zw$. 13.2 節と同様 $z = 1$ は解ではないから，$\dfrac{1-z^3}{1-z} = -zw$ と変形でき，やはり 13.2 節と同様にして $|1-z^3| = |1-z|$ より $z^2 = 1$ または $z^4 = 1$ となる．したがって $z = -1, i, -i$ であり，対応する w はそれぞれ $w = 1, -1, -1$ となる．

(2) (1) の解に対応するアレイを順に $\mathbf{a}^1, \mathbf{a}^2, \mathbf{a}^3$ とすると解図 4 のようになる：

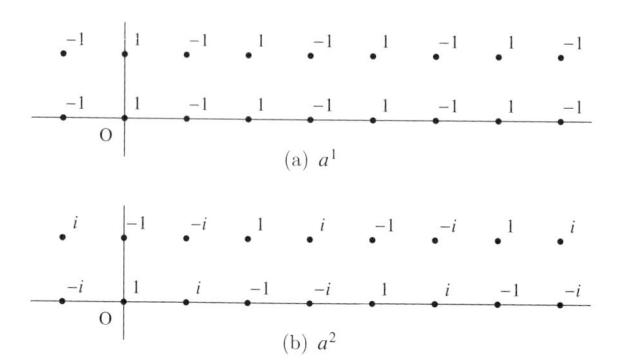

(a) a^1

(b) a^2

(c) a^3

解図 4

第14章

14-1 (1) $m_{\mathbf{w}^1} = 1 + z + z^2 + \cdots + z^8 = \sum_{0 \leq i \leq 8} z^i$
$m_{\mathbf{w}^2} = 1 + w + w^2 + \cdots + w^8 = \sum_{0 \leq j \leq 8} w^j$
$m_{\mathbf{w}^3} = (1 + z + z^2)(1 + w + w^2)$

(2) $m_{\mathbf{w}^1}$ に $z = 1$ を代入しても 0 にはならず,$m_{\mathbf{w}^2}$ に $w = 1$ を代入しても 0 にならないから,$z \neq 1$, $w \neq 1$ である.したがって $m_{\mathbf{w}^1} = \dfrac{z^9 - 1}{z - 1}$, $m_{\mathbf{w}^2} = \dfrac{w^9 - 1}{w - 1}$, $m_{\mathbf{w}^3} = \dfrac{z^3 - 1}{z - 1}\dfrac{w^3 - 1}{w - 1}$ と変形できる.よって $V_{\mathbf{T}^n}(\{m_{\mathbf{w}^1}^*, m_{\mathbf{w}^2}^*, m_{\mathbf{w}^3}^*\}) = (\mu_3^* \times \mu_9^*) \cup (\mu_9^* \times \mu_3^*)$.この元の個数は $\sharp(\mu_3^* \times \mu_9^*) + \sharp(\mu_9^* \times \mu_3^*) - \sharp(\mu_3^* \times \mu_3^*) = 2 \cdot 8 + 8 \cdot 2 - 2 \cdot 2 = 28$ だから,定理 14.1 より $\dim \mathbf{A}^0_{\{\mathbf{w}^1, \mathbf{w}^2, \mathbf{w}^3\}} = 28$ となる.

14-2 (1) $m_{\mathbf{w}} = 1 + z + z^2 + w + z^2 w$

(2) もし $(z_0, w_0) \in V_{\mathbf{T}^2}(m_{\mathbf{w}})$ だとすると,$1 + z_0 + z_0^2 + w_0 + z_0^2 w_0 = 0$ であるが,この両辺の複素共役をとると,$1 + \bar{z}_0 + \bar{z}_0^2 + \bar{w}_0 + \bar{z}_0^2 \bar{w}_0 = 0$ も成り立つ.ところが z_0, w_0 ともに絶対値が 1 の複素数だから $\bar{z}_0 = \dfrac{1}{z_0}$, $\bar{w}_0 = \dfrac{1}{w_0}$ であり,したがって $1 + \bar{z}_0 + \bar{z}_0^2 + \bar{w}_0 + \bar{z}_0^2 \bar{w}_0 = 1 + \dfrac{1}{z_0} + \dfrac{1}{z_0^2} + \dfrac{1}{w_0} + \dfrac{1}{z_0^2}\dfrac{1}{w_0} = 0$ となる.よって $(z_0, w_0) \in V_{\mathbf{T}^2}(m_{\mathbf{w}}^*)$ も成り立つ.

(3) $(z_0, w_0) \in V_{\mathbf{T}^2}(m_{\mathbf{w}})$ とすると,(2) より

$$\begin{cases} 1 + z_0 + z_0^2 + w_0 + z_0^2 w_0 = 0 & (*) \\ 1 + \dfrac{1}{z_0} + \dfrac{1}{z_0^2} + \dfrac{1}{w_0} + \dfrac{1}{z_0^2}\dfrac{1}{w_0} = 0 & (**) \end{cases}$$

の両方が成り立つ．そこで $(*) - z_0^2(**)$ をつくると，$(z_0^2 + 1)\left(w_0 - \dfrac{1}{w_0}\right) = 0$ となるから $z_0 = \pm i$ または $w_0 = \pm 1$ である．このうち $z_0 = \pm i$ のときは $(*)$ の左辺が $z_0 = \pm i$ のみになって 0 にはならない．また $w_0 = -1$ のときも $(*)$ の左辺が z_0 のみになってやはり 0 にはならない．残るは $w_0 = 1$ のときだが，これを $(*)$ に代入すると $2z_0^2 + z_0 + 2 = 0$ となり，したがって $z_0 = \dfrac{-1 \pm \sqrt{15}\,i}{4}$ であるがこれは 1 のベキ根ではない．よって $V_{\mu_\infty^2}(\mathbf{w}) = \phi$ であり，定理 14.5 より $\mathbf{A}_\mathbf{w}^0 = \{\mathbf{0}\}$ である．

第 15 章

15-1 特性多項式は $m_\mathbf{w} = 2 + z + z^{-1} + w + w^{-1}$．$f = m_\mathbf{w}$ とおいて定理 15.5 を使うと，$V(f, f_1) = \{(i, -1), (-i, -1)\}$, $V(f, f_2) = \{(-1, i), (-1, -i)\}$, $V(f, f_3) = \phi$, $V(f, f_4) = \mu_3^* \times \mu_3^*$, $V(f, f_5) = V(f, f_6) = V(f, f_7) = \phi$．これら全部で 8 個あるから $\dim \mathbf{A}_\mathbf{w}(per) = 8$ である．

第 I 章

I-1 (1) e の逆元とは $e \circ x = e$ と $x \circ e = e$ の両方をみたすような元 x のことであるが，$e \circ e = e$（$\Leftarrow e$ が単位元だから）であることから，$x = e$ が上の 2 つの等式をみたしている．したがって e 自身が e の逆元であり，$e^{-1} = e$ である．

(2) 仮定の式 $a \circ a = a$ の両辺に左から a^{-1} を掛けると $a^{-1} \circ (a \circ a) = a^{-1} \circ a = e$ となる．この左辺は結合法則によって $a^{-1} \circ (a \circ a) = (a^{-1} \circ a) \circ a = e \circ a = a$ となるから，$a = e$ が出る．

I-2 (1) 等式 $e_1 \circ_1 e_1 = e_1$ の両辺に f を施すと $f(e_1 \circ_1 e_1) = f(e_1)$ となるが，f は準同型だからこの等式は $f(e_1) \circ_2 f(e_1) = f(e_1)$ となる．したがって I-1 の (2) より $f(e_1) = e_2$ である．

(2) $f(a)^{-1}$ とは $f(a) \circ_2 y = e_2$ かつ $y \circ_2 f(a) = e_2$ をみたす元のことである．ところが f は準同型だから $f(a) \circ_2 f(a^{-1}) = f(a \circ_1 a^{-1}) = f(e_1) = e_2$（$\Leftarrow$ (1) より），同様に $f(a^{-1}) \circ_2 f(a) = e_2$ が成り立ち，$y = f(a^{-1})$ とすれば上の 2 つの等式が成り立つ．よって $f(a^{-1}) = $

$f(a)^{-1}$ である.

I-3 (1) $f((x_1, y_1)+(x_2, y_2)) = f(x_1+x_2, y_1+y_2) = (x_1+x_2)+(y_1+y_2) = (x_1+y_1)+(x_2+y_2) = f(x_1, y_1)+f(x_2, y_2)$ となるから,f は準同型である.

(2) $f(x, y) = 0$ となるのは $x+y = 0$ のときであり,したがって $Ker(f) =$ 「直線 $y = -x$」となる.

(3) $\mathbf{R}$ の任意の元 a に対して $f(a, 0) = a$ であるから,f は全射である.したがって $Im(f) = \mathbf{R}$ となる.

第II章

II-1 公理 (M.3) より $d(x, z) \leq d(x, y) + d(y, z)$ であるから,移項して $d(x, z) - d(y, z) \leq d(x, y)(*)$ である.また $d(y, z) \leq d(y, x) + d(x, z)$ であるから,移項して $d(y, z) - d(x, z) \leq d(y, x) = d(x, y)(**)$ ($\Leftarrow$(M.2))である.よって $(*)$ と $(**)$ を合わせて $|d(x, z) - d(y, z)| \leq d(x, y)$ となる.

II-2 X の任意の点 x_0 と任意の $\epsilon > 0$ に対して,$x \in X$ が $d(x, x_0) < \epsilon$ をみたすならば II-1 より,$|f(x) - f(x_0)| = |d(x, a) - d(x_0, a)| \leq d(x, x_0) < \epsilon$ が成り立つ.したがって f は連続である.

II-3 定義によって $D(a, r) = \{x \in X; d(x, a) \leq r\}$ だから, II-2 の記号で $D(a, r) = \{x \in X; f(x) \leq r\}$ と表される.そして II-2 より f は連続であるから,例 II.11 によって $\{x \in X; f(x) \leq r\}$ すなわち $D(a, r)$ は閉集合である.

II-4 $x \in f^{-1}(Y \setminus B) \Leftrightarrow f(x) \in Y \setminus B \Leftrightarrow f(x) \notin B \Leftrightarrow x \notin f^{-1}(B) \Leftrightarrow x \in X \setminus f^{-1}(B)$.よって $f^{-1}(Y \setminus B) = X \setminus f^{-1}(B)$ となる.

II-5 定義 II.1 の (M.1), (M.2), (M.3) が成り立つことを示すのだが,(M.2) は定義から明らかだから,(M.1) と (M.3) を示せばよい.

(M.1):式 (II.35) の各項はすべて 0 以上だから,その和も 0 以上であり,$d_{(\infty)}(f, g) \geq 0$ である.また $d_{(\infty)}(f, f) = \|f - f\|_{(\infty)} = 0$ であり,逆に $d_{(\infty)}(f, g) = 0$ とすると,式 (II.35) の f を $f - g$ で置き換

えた式が 0 となるから，その初項にあたる $\dfrac{d_{(0)}(f,g)}{1+d_{(0)}(f,g)}$ は 0 でなければならない．したがって $d_{(0)}(f,g) = 0$ であり，$d_{(0)}$ が (M.1) をみたすことから，$f = g$ となる．(M.3)：一般に実数 $a, b \in \mathbf{R}$ に対して $a/(1+a) + b/(1+b) - (a+b)/(1+a+b) = ab(2+a+b)/\{(1+a)(1+b)(1+a+b)\}$ (!) が成り立つ（⇐ 左辺を通分すればよい）．したがって $a, b \geq 0$ ならば $a/(1+a) + b/(1+b) \geq (a+b)/(1+a+b)$ が成り立つ．そこで任意の $f, g, h \in C^\infty(\mathbf{T})$ に対し，$F = f - g, G = g - h$ とおくと，$\|F\|_{(k)}/(1+\|F\|_{(k)}) + \|G\|_{(k)}/(1+\|G\|_{(k)}) \geq (\|F\|_{(k)} + \|G\|_{(k)})/(1+\|F\|_{(k)}+\|G\|_{(k)}) \geq (\|F+G\|_{(k)})/(1+\|F+G\|_{(k)})$ (⇐ $\|\cdot\|_{(k)}$ が三角不等式をみたすことと，関数 $x/(1+x)$ が $[0, \infty)$ で単調増加であることより）．ここで $F + G = f - h$ であることに注意すれば，これは $d_{(\infty)}(f,g) + d_{(\infty)}(g,h)$ の各項が $d_{(\infty)}(f,h)$ の各項以上であることを示しており，したがって (M.3) が示された．

第 III 章

III-1 定義 III.1 の (1) より，$c(\mathbf{0}+\mathbf{0}) = c\mathbf{0}+c\mathbf{0}$ である．この左辺は $\mathbf{0}+\mathbf{0} = \mathbf{0}$ であることから $c\mathbf{0}$ に等しい．したがって最初の式は $c\mathbf{0} = c\mathbf{0} + c\mathbf{0}$ となるが，この両辺に $c\mathbf{0}$ の逆元を足せば，左辺は $\mathbf{0}$，右辺は $c\mathbf{0}$ となって，$c\mathbf{0} = \mathbf{0}$ が得られる．

III-2 $f(\mathbf{0}) = f(\mathbf{0}+\mathbf{0}) = f(\mathbf{0}) + f(\mathbf{0})$（⇐ f が線形写像だから）となるから，この両辺に $f(\mathbf{0})$ の逆元を足すことによって $f(\mathbf{0}) = \mathbf{0}$ が得られる．

III-3 命題 III.2 の (1) と (2) を示せばよい．(1) については，$w, w' \in \langle v_1, \cdots, v_n \rangle$ とすると，定義によって $w = c_1 v_1 + \cdots + c_n v_n, w' = c'_1 v_1 + \cdots + c'_n v_n$ となるような $c_1, \cdots, c_n, c'_1, \cdots, c'_n \in k$ が存在する．したがって $w + w' = (c_1 + c'_1)v_1 + \cdots + (c_n + c'_n)v_n \in \langle v_1, \cdots, v_n \rangle$ となり，(1) が示される．(2) については $c \in k$ とすると $cw = c(c_1 v_1 + \cdots + c_n v_n) = cc_1 v_1 + \cdots + cc_n v_n \in \langle v_1, \cdots, v_n \rangle$ となって成り立つ．したがって $\langle v_1, \cdots, v_n \rangle$ は V の部分空間である．

第 IV 章

<u>IV-1</u> (1) $Ker(f) = \{0\}$ であることを示せばよい. そこで $w' \in Ker(f)$ とすると f の定義によって $p(\iota(w')) = 0$ が成り立つから, $\iota(w') \in Ker(p)$ である. したがって, p の定義により $\iota(w') \in W$ であるが, このことから $w' \in W' \cap W$ となる. もし $w' \neq 0$ なら, V の零元 0 が $0 = 0 + 0$ ($0 \in W, 0 \in W'$), そして $0 = w' + (-w')$ ($w' \in W, -w' \in W'$) というように二通りに表されることになり, W' が補空間であることに反する. したがって $w' = 0$ であり, $Ker(f) = \{0\}$ であることが示された.

(2) V/W の任意の元は, $p: V \to V/W$ が全射であることから, $p(v)$ ($v \in V$) と表される. 一方 W' が V における W の補空間であるから, $v = w + w'$ となるような $w \in W$ と $w' \in W'$ が存在する. ところが $Ker(p) = W$ であるから $p(v) = p(w+w') = p(w) + p(w') = p(w')$ であり, $p(w') = p(\iota(w')) = f(w')$ と表されるから, f は全射である. したがって (1) とあわせて f は W' から V/W への同型写像である.

参考文献

[1] R. E. Edwards:Fourier Series, A Modern Introduction, Vol.2, Graduate Texts in Mathematics, Vol.85, Springer, Berlin, 1982.
本書の第 6 章から第 11 章の内容のもととなったのが，この本の第 12 章である．なかでもその Exercise 12.33 が筆者に離散トモグラフィーとデルタ関数のつながりを示唆してくれた．若干程度は高いが，超関数論についてフーリエ変換を中心軸として厳格かつ明晰に解説した名著である．

[2] F. Hazama:Discrete tomography and the Hodge conjecture for certain abelian varieties of CM-type, Proc. Japan Acad. Ser. A Math. Sci. **82**(2006), pp.25-29.

[3] F. Hazama:Discrete tomography and Hodge cycles, Tohoku Math. J. **59**(2007), pp.423-440.

[4] F. Hazama:Discrete tomography through distribution theory, Publ. RIMS, Kyoto Univ. **44**(2008), pp.1069-1095.
上記 3 編が本書のもととなった結果を発表した論文である．

[5] F. Beukers, C. J. Smyth:Cyclotomic points on curves. Number Theory for the Millennium, I, pp.67-85, A. K. Peters, Natick, MA, 2002.
本書の命題 15.6 が得られたのはこの論文のおかげである．周期的アレイを求めるための強力な手段を与えている．

[6] W. Rudin:Functional Analysis, 2nd revised version, McGraw-Hill, New York, 1991.
文献 [6] 中の定理 6.25 に文献 [1] の Exercise12.33 の n 次元版の証明が与えてある．本書第 11 章では，その証明を参考にしながら 1 次元の場合についてわかりやすく説明した．

[7] 硲文夫：論理と代数の基礎，培風館，2003．

索引

■■■記号・英字■■■

(m)-ノルム　　81
$\langle \mathbf{a} \rangle$　　34
$\langle \mathbf{a}_1, \cdots, \mathbf{a}_n \rangle$　　34
$\langle v_1, \cdots, v_n \rangle$　　200
$\|f\|$　　188
$\|f\|_1$　　78
$\|f\|_{(\infty)}$　　188
$\|f\|_{(k)}$　　188
$\|g\|$　　45
$\|u\|_{(m)}$　　81
δ_a　　56
$\delta_\mathbf{p}$　　119
$\delta_{x=\alpha}$　　56
$\Delta_\mathbf{w}(\mathbf{a})$　　4, 17
$\Delta_\mathbf{w}^0$　　28
μ_n　　125
μ_n^*　　125
$\Phi : C^\infty(\mathbf{T}) \to \mathbf{D}(\mathbf{T})$　　52
$\hat{\mathbf{a}}$　　86
$\mathbf{A}$　　14
$\bar{A}$　　182
$\mathbf{A}(per)$　　138
$\mathbf{A}(per(k_1, \cdots, k_n))$　　138
$\mathbf{A}^\infty$　　80
$\mathbf{A}^{-\infty}$　　80
$\mathbf{A}_{\{\mathbf{w}^1, \cdots, \mathbf{w}^r\}}$　　131
$\mathbf{A}^0$　　23

$\mathbf{A}^0_{\{\mathbf{w}^1, \cdots, \mathbf{w}^r\}}$　　131
$\mathbf{A}^0_\mathbf{w}$　　23
$\mathbf{A}^0_\mathbf{w}(per)$　　138
$\mathbf{A}^0_\mathbf{w}(per(k_1, \cdots, k_n))$　　138
$\mathbf{A}^0_{\{\mathbf{w}^1, \cdots, \mathbf{w}^r\}}(per)$　　138
$\mathbf{A}^0_{\{\mathbf{w}^1, \cdots, \mathbf{w}^r\}}(per(k_1, \cdots, k_n))$　　138
$\mathbf{A}^m$　　76
$\mathbf{A}_\mathbf{w}$　　20, 23
$\arg(z)$　　185
$B(x_0, r)$　　167
$B_d(x_0, r)$　　166
c_n　　70
C_n　　70
$C^\infty(\mathbf{T})$　　45, 188
$C^k(\mathbf{T})$　　188
$C^m(\mathbf{T})$　　78
$d_{(k)}(f, g)$　　189
$d_n(\mathbf{x}, \mathbf{y})$　　165
$d_\mathbf{w}(\mathbf{a})$　　16
$d(z, w)$ ($\mathbf{T}$ 上の距離)　　185
$D(x_0, r)$　　167
$D_d(x_0, r)$　　166
$\text{Delta}_\mathbf{w}$　　117, 120
$\text{Delta}_{\{\mathbf{w}^1, \cdots, \mathbf{w}^r\}}$　　132
$\text{Delta}_{X, \{\mathbf{w}^1, \cdots, \mathbf{w}^r\}}$　　132
DF　　63
$\mathbf{D}^m(\mathbf{T})$　　82
$D^p g$　　46
$\mathbf{D}(\mathbf{T})$　　49

$e_{\mathbf{k}}$	118		アレイの定数倍	23
e_n	69		アレイの和	22
f^*	113			
$f^{-1}(B)$	174		位数（アレイの）	76
$\hat{f}(n)$	70		位数（超関数の）	81
$\hat{F}$	75		位相 (topology)	165
$F_f(u)$	50		1 の分割 (partition of unity)	192
$\hat{F}(\mathbf{k})$	118			
$\hat{F}(n)$	69		ウィンドウ (window)	1, 15
$Im(f)$	161, 205			
$Ker(f)$	161, 205		n 次元トーラス (torus)	31
$\lim_{n \to \infty} x_n = a$	177		n 次元のアレイ	14
L^1-ノルム	78		n 番目のフーリエ係数 (n-th Fourier coefficient)	69
m_u	62			
supp F	98		n 変数の離散調和関数	37
supp u	98		演算	156
$\mathbf{T}$	31			
$\mathbf{T}^n$	31		■■か行■■	
uF	60		開球 (open ball)	166
$V_{\mathbf{T}^n}(\{f_1, \cdots, f_r\})$	132		開集合 (open subset)	167
$V_{\mathbf{T}^n}(f)$	31		開被覆 (open covering)	192
$V_X(\{f_1, \cdots, f_r\})$	132		可換群	157
$V_X(f)$	31		可換図式	43
$\mathbf{w}^{domino}$	32		核 (kernel)	161, 205
$\mathbf{w}^{harmonic}$	34		関数倍	60
$\mathbf{w}_{hook}(a)$	123			
$\mathbf{w}_\mathrm{L}$	143		基底	203
$\mathbf{w}(r, k_r)$	138		逆元	157
$\mathbf{w}_\mathrm{X}$	148		逆像	174
$W_1 \oplus W_2$	201		逆フーリエ変換	86
$W_{hook}(a)$	123		極限 (limit)	177
W_L	143		距離	165
W_X	148		距離空間	165
■■あ行■■			群の公理 (axiom)	156
アレイ (array)	1			

索引

結合法則　　　*157*

交換法則　　　*157*

■■さ行■■
サポート (support)　　　*14*
三角不等式　　　*166*

次数 (degree)　　　*4, 16*
周期　　　*137*
収束　　　*46, 177*
準同型　　　*157*

線形空間　　　*199*
線形結合　　　*200*
線形従属　　　*202*
線形独立　　　*202*

像 (image)　　　*161, 205*
測度 (measure)　　　*82*

■■た行■■
台（関数の）　　　*98*
台（超関数の）　　　*98*
単位元　　　*156*

超関数 (distribution)　　　*49*
直和　　　*201*

デルタ関数 (delta function)　　　*56*

特性関数　　　*16*
特性多項式 (characteristic polynomial)　　　*8, 17*

■■な行■■
2変数の離散調和関数 (discrete harmonic function)　　　*35*

ノルム (norm)　　　*45*

■■は行■■
微分　　　*63*

フーリエ係数　　　*118*
フーリエ変換　　　*75, 118*
部分空間　　　*199*
部分群 (subgroup)　　　*159*
部分線形空間　　　*199*

閉球 (closed ball)　　　*166*
平行移動　　　*16*
閉集合 (closed subset)　　　*171*
閉包 (closure)　　　*182*

補空間　　　*213*

■■や行■■
有界なアレイ (bounded array)　　　*23*

■■ら行■■
離散トモグラフィーの基本定理　　　*32*

零和アレイ (zero-sum array)　　　*20*
連続　　　*172*
連続写像　　　*172*

ローラン多項式 (Laurent polynomial)　　　*17*

【著者紹介】

硲　文夫（はざま　ふみお）理学博士

　1976 年　東京大学理学部数学科卒業
　1982 年　東京電機大学理工学部助手
　1986 年　東京電機大学理工学部講師
　1990 年　東京電機大学理工学部助教授
　1996 年　東京電機大学理工学部教授
　現在に至る
　主要著書　『大学生の基礎数学』（学術図書出版社）
　　　　　　『理工系の線形代数・演習』（培風館）
　　　　　　『論理と代数の基礎』（培風館）
　　　　　　『理工系の基礎数学』（培風館）
　　　　　　『理工系の微分積分』（培風館）
　　　　　　『代数幾何学』（森北出版）
　　　　　　『理工系の線形代数』（培風館）
　　　　　　『代数学』（森北出版）
　　　　　　『初等代数学』（森北出版）
　　　　　　など

離散トモグラフィーとデルタ関数

2015 年 7 月 10 日　第 1 版 1 刷発行　　ISBN 978-4-501-62930-4 C3041

著　者　硲　文夫
　　　　©Hazama Fumio 2015

発行所　学校法人 東京電機大学　〒120-8551　東京都足立区千住旭町 5 番
　　　　東京電機大学出版局　　〒101-0047　東京都千代田区内神田 1-14-8
　　　　　　　　　　　　　　　Tel. 03-5280-3433（営業）03-5280-3422（編集）
　　　　　　　　　　　　　　　Fax. 03-5280-3563　振替口座 00160-5-71715
　　　　　　　　　　　　　　　http://www.tdupress.jp/

JCOPY　<（社）出版者著作権管理機構 委託出版物>
本書の全部または一部を無断で複写複製（コピーおよび電子化を含む）することは，著作権法上での例外を除いて禁じられています。本書からの複製を希望される場合は，そのつど事前に，（社）出版者著作権管理機構の許諾を得てください。
また，本書を代行業者等の第三者に依頼してスキャンやデジタル化をすることは，たとえ個人や家庭内での利用であっても，いっさい認められておりません。
［連絡先］Tel. 03-3513-6969, Fax. 03-3513-6979, E-mail：info@jcopy.or.jp

印刷・製本：(株)加藤文明社　　　装丁：齋藤由美子
落丁・乱丁本はお取り替えいたします。　　　　　　　　Printed in Japan